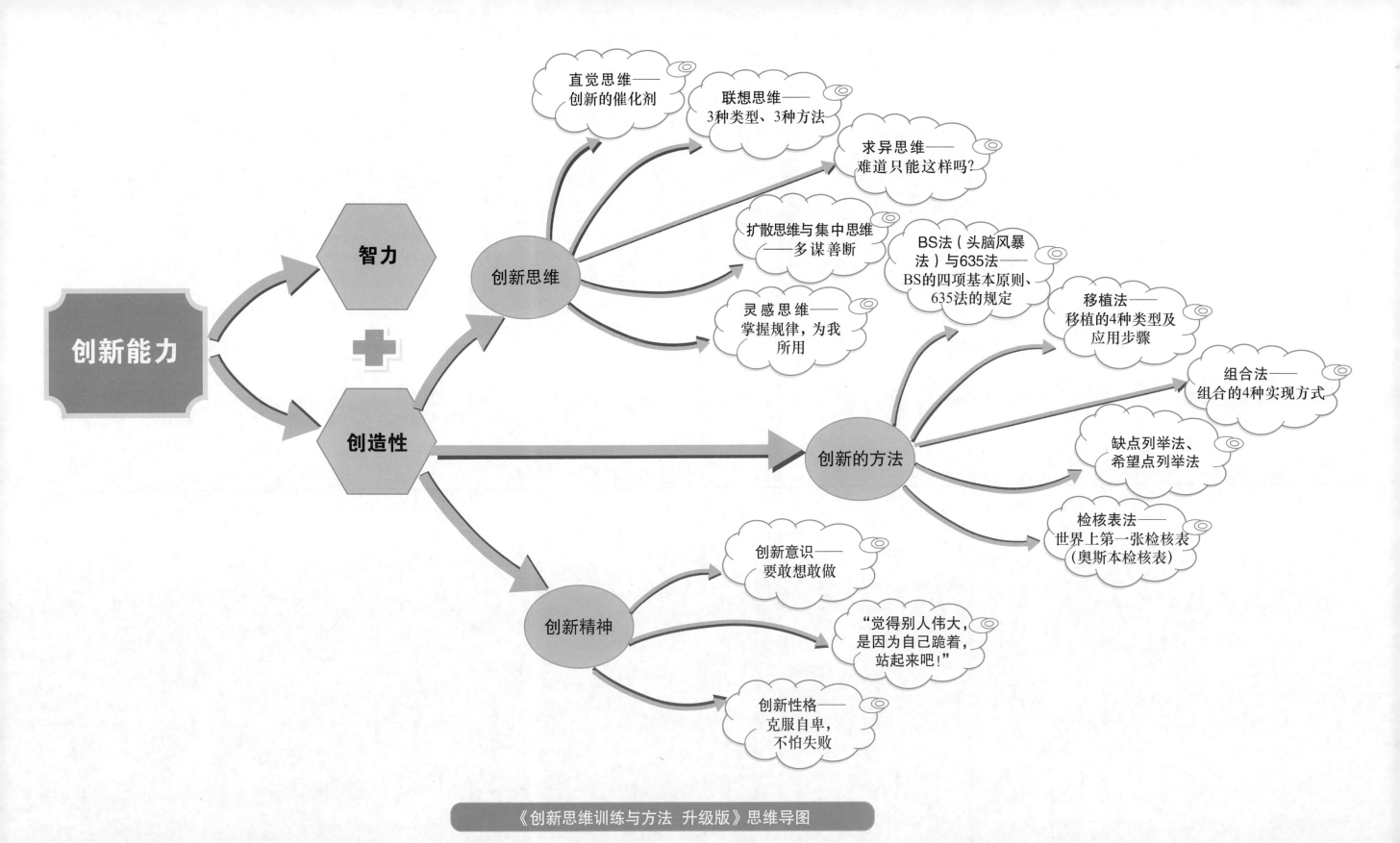

创新能力

智力

＋

创造性

创新思维
直觉思维——创新的催化剂
联想思维——3种类型、3种方法
求异思维——难道只能这样吗?
扩散思维与集中思维——多谋善断
灵感思维——掌握规律，为我所用

创新的方法
BS法（头脑风暴法）与635法——BS的四项基本原则、635法的规定
移植法——移植的4种类型及应用步骤
组合法——组合的4种实现方式
缺点列举法、希望点列举法
检核表法——世界上第一张检核表（奥斯本检核表）

创新精神
创新意识——要敢想敢做
"觉得别人伟大，是因为自己跪着，站起来吧!"
创新性格——克服自卑，不怕失败

《创新思维训练与方法 升级版》思维导图

创新思维

训练与方法 升级版

胡飞雪◎编著

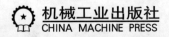

机械工业出版社
CHINA MACHINE PRESS

本书根据新经济时代的特殊背景，提出了一整套创新思维训练的技巧和创新的方法。主要介绍了创造性思维常用的6种思维方式和7种实用的创新方法，并对其进行了详细全面的阐述。案例贯穿全书，使本书颇具可读性，更以多种形式充分调动读者的思维活性，达到触类旁通、快乐学习的目的。本书是作者在授课的基础上提炼而成的，有大量实战练习，既生动有趣，又开拓思路。

为了达到实用、有效的原则，本书还配备了《行动手册》，通过"21天创新训练法"引导读者边学习边进行自我训练，以实现短期内有效提升创新能力的目的。

本书既可作为高等院校和各类职业院校的教学用书，又适用于企业的管理、研发和销售等人员，对于一切从事创造性劳动的人们都能有所启发。

图书在版编目（CIP）数据

创新思维训练与方法：升级版 / 胡飞雪编著 .—2 版 . —北京：机械工业出版社，2019.5（2024.7重印）

ISBN 978-7-111-62677-0

Ⅰ . ①创… Ⅱ . ①胡… Ⅲ . ①创造性思维 Ⅳ . ① B804.4

中国版本图书馆 CIP 数据核字（2019）第 086012 号

机械工业出版社（北京市百万庄大街 22 号　邮政编码 100037）
策划编辑：刘怡丹　责任编辑：刘怡丹
责任印制：孙　炜　责任校对：李　伟
北京联兴盛业印刷股份有限公司印刷
2024 年 7 月第 2 版第 12 次印刷
170mm×242mm・14 印张・2 插页・193 千字
标准书号：ISBN 978-7-111-62677-0
定价：65.00 元

凡购本书，如有缺页、倒页、脱页，由本社发行部调换

电话服务　　　　　　　　　　网络服务
服务咨询热线：010-88361066　机 工 官 网：www.cmpbook.com
读者购书热线：010-68326294　机 工 官 博：weibo.com/cmp1952
　　　　　　　　　　　　　　金 书 网：www.golden-book.com
封面无防伪标均为盗版　　教育服务网：www.cmpedu.com

前言　创新能力可以通过训练来提高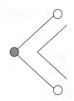

这是一本写给创新初学者的并带有普及性质的书。

整个写作过程，是以"清晰、实用、有效、简单易行"为原则，避免太花哨的东西。

如果你渴望学习创新的知识，并希望快速提高自己的创新能力，以取得更大的成绩——没问题，"21 天创新训练法"来了！

较《创新思维训练与方法》第 1 版，在此次修订中随书附有《行动手册》，以强化训练，提升读书和学习的效果，使我们的创新能力能在短时间内得到明显的提升。

《行动手册》的设计思路有以下两点：

第一，按照教育心理学的规律，要真正掌握知识，必须要进行有效的复习。

第二，采用了一个被无数人证明且行之有效的提高创新能力的方法，即："每天提出一个创新设想，连续坚持 21 天！"

请一定要坚持，按照手册提示的那样去做！

创新能力绝不是看看书就能立刻提升的，一定要有实践。

著名的德国弗劳恩霍夫协会曾断言："除了创新，没有一个更好的词汇来描述我们目前所面临的技术及经济方面的变革！"

我们处在一个伟大的变革时代，我们几乎每天都惊呼，世界变化太快！

然而，依然有许多人每天重复着同样的事情，却期待着不同的结果……是时候做出改变了！

创新就是改变。

本书编写过程中，得到了河北经贸大学李彤同学的大力帮助，在此特别鸣谢。

胡飞雪

2019 年 3 月

目　　录

第 1 章　创新与创新能力

读前设问

　　到底什么是创新呢？创新很难做到吗？创新活动有哪些特点？创新能力是一种什么样的能力？创新能力由哪些方面构成？创新者与普通人的首要差别是什么？

1.1　怎样界定创新

1.1.1　贫穷的反义词是什么？我们为什么要创新

　　我们为什么要创新呢？以下从对传统文化的学习和对市场经济的理解来谈一下体会。

　　曾问过很多人，贫穷的反义词是什么？典型的回答是：富裕、富有。然而，不断地学习后我们会发现，贫穷真正的反义词不是富裕和富有，而是富达。富裕及富有等词汇的含义约等于富这个字。

　　贫、穷、富、达这四个字中，贫和富是一对，指的都是物质层面，如有房吗？有钱吗？有汽车吗？而穷和达是一对，指的都是精神层面，包括思想、观念、心态，以及人生的得志与失意。

　　过去，我们常认为穷指的是没有钱，但其实穷与钱没有任何关系，一个很富有的人很可能是一个穷人，而另一个经济上很贫困的人很可能是一个达人。

　　最能说明这个问题的有两句古语，一句是"富贵不能淫，贫贱不能移"，这里的富与贫是相对的；另一句是"穷则独善其身，达则兼济天下"，穷与达也是相对的。

　　我们都知道第一句话出自《孟子·滕文公下》，第二句话出自《孟子》的

《尽心章句上》，原句为"穷则独善其身，达则兼善天下"，后人在不失孟子本意的基础上将"兼善"改为"兼济"。

另外，中国很多文字中，包括一些古诗词中对贫、穷、富、达也有表述，比如：贫，气不改；达，志不改。——元代宋方壶的《山坡羊·道情》。

改革开放，民族复兴，其目的都是在国家强盛的基础上让人民过上安定富裕的生活。那么怎样才能真正实现富裕？

前提是必须先解决"穷"的问题，也就是说要先完成由"穷"到"达"的转变，才能真正实现由"贫"进入"富"。

什么是穷？

穷的繁体字是"窮"，我们的老祖宗创字的时候就给穷字下了定义：弓身于穴！一个人弯着身子在洞穴中延续生命，我们就说这个人是穷人。大家会问，怎么会有人在洞穴中延续生命呢？

穴字，随着历史的变迁，有了三种含义的变化：最早的穴字指的就是洞穴，因为我们的老祖宗就住在山洞中。后来，他们有了自己的家，所以家是穴这个字的第二个含义。

现代社会很少有这样的人了，很多人走南闯北，游历四方，是不是就没有穷人了呢？不，因为穴字的第三个含义是：生存壳。生存壳是无形的，但也起着巨大的作用，突破不了自己的生存壳，就是广泛意义上的穷人了。

长期处于弓身于穴的"穷"状态会导致什么结果呢？

第一，无法释放自己的潜在能量。每个人都有巨大的能量，研究发现，在被埋没的人当中，有95%属于自我埋没，自己就把自己否定了，并不是被环境或者社会压制。

第二，会形成洞穴心理。洞穴心理最典型的表现就是"皇权感"及"以自我中心"，在这个圈子里，我就是至高无上的，以至于故步自封。其他表现还有：

保守、狭隘、偏见、封闭、无进取心、自卑、牢骚满腹等，感觉自己生不逢时。

第三，形成穷人链。穴中之人像链条一样紧紧拴在一起，想要挣脱非常困难。很多这样家庭的孩子想要出去闯一闯，或者按照自己的想法选择生活，所遇到的阻力足以让他们灰心丧气。长此以往，这样的人群会成为社会变革的巨大阻碍力量，甚至导致变革的失败。

什么是达？

达字随着历史的变迁，也有三种含义的变化：最早的达字指的是道路的通畅，正所谓四通八达。后来，达字被引入了官场，有了达官贵人之说。再后来，达上升为一种思想境界，叫达观。达观的人我们称为达人。达人有什么表现呢？

他们不断地给自己设定目标。实现了一个还有第二个。

他们有成就感，有价值感。

他们善于思考，并义无反顾地兼济天下。

因此，我们要努力挣脱穷人链，进入达人群！

什么是贫？

古代，分财为贫。我一共就有五块钱，今天花三块钱，明天花两块钱，全都没有了，就是贫。正所谓一贫如洗。

现代，分时为贫。每个人时间都是一样的，也都是相对有限的，成功的人都是在某个特定的时期内把精力和智慧投入到某一件事情中，而不是分散于多个事情中，这就是不分时。

什么是富？

古代，有酒为富。家中有酒就是富裕人家。

现代，有备则富。

只要有了备，走向富裕只是时间问题。就像某个企业家说的，您可以把我的机器、设备、人员都带走，我依然可以再建造一个更好的企业。这就是有"备"做支撑。

备，包括以下四个方面：超前的观念、积极的心态、**较强的创新能力**及良好的专业知识。

本书仅仅从创新这点展开。

下面再从市场经济的角度来谈一下创新的重要性。

众所周知，市场经济有三大基本规律，其中一个是竞争规律。竞争规律可以简单用八个字来表述：公平竞争，优胜劣汰。

竞争是残酷的。

请思考

　　如何在竞争中取胜呢？如何打败竞争对手呢？或者说：什么样的竞争是最聪明的竞争？

最聪明的竞争是没有竞争的竞争，也就是避免竞争！

怎样做到避免竞争呢？

一起走才有竞争，不一起走就无所谓竞争。怎样做到不一起走呢？有两个办法：一是落后一步，让别人先走，但要知道市场经济是淘汰型经济，落后就要惨遭淘汰，因此要想竞争取胜，只能用第二个办法，即领先一步。

怎样做到领先一步呢？

那就要时时处处创新、创造、与众不同。而要做到这一点，我们必须有高于对手的创新能力。

由此得出，竞争的根本不在于其他，而在于彼此之间创新能力的竞争。人与人之间如此，企业与企业之间，国家与国家之间同样如此。

对于企业来说，打造什么样的组织最具有竞争力？研究表明：并不是学习型组织，而是"双脑型"组织！即"创新+执行"的组织！

企业如果缺乏创新，就会产生漏斗效应。也就是企业增长的加速度远远小于其下沉的加速度，逐渐出现老化现象，乃至消亡。

总之，我们必须建立这样的概念，增长不同于发展，只有发展才是硬道理，而只有创新才能带来更好的发展！

1.1.2 创新、创造、发明、发现有哪些区别

1994年，30岁的杰夫·贝佐斯有了一个令他惊讶的发现，那就是尚未成熟的互联网络的使用人数正以每年高达2300%的速度在激增。

这个发现让他很兴奋，接下来发生了什么呢？伟大的"亚马逊"网上书店诞生了！

之所以说亚马逊伟大，是因为杰夫·贝佐斯毫无争议地率先开启了全世界电子商务的大门！

1999年11月，当当网开通了。这也是一家从运营网络书店开始的电子商务公司，曾号称是全球最大的中文网上商城。

请思考

亚马逊网站作为第一个真正意义开启电子商务大门的商业模式，无疑可以称为创新，那么当当网，带有一定的借鉴性质，也可以称为创新吗？如果也算的话，那么这两种创新又怎么区分呢？

可以说，人类社会是伴随着创新而诞生和发展的。但到底什么是创新，创新与创造、发明、发现又有什么区别呢？

国际社会公认的"创新（Innovation）"一词由约瑟夫·熊彼特首先在其著作《经济发展理论》一书中提出。到目前为止，对创新比较权威的定义有三种：

熊彼特：创新是在生产过程中产生的一种创造性"毁灭"，同时能够创造出新的价值。

2000 年联合国经合组织（OECD）《在学习型经济中的城市与区域发展》报告中提出的：**"创新的含义比发明创造更为深刻，它必须考虑在经济上的运用，实现其潜在的经济价值。只有当发明创造引入到经济领域，它才成为创新"**。

2004 年美国国家竞争力委员会向政府提交的《创新美国》计划中提出的：**"创新是把感悟和技术转化为能够创造新的市值、驱动经济增长和提高生活标准的新的产品、新的过程与方法和新的服务"**。

创新是人类极为宝贵的品质。世界发展的动力来源于创新，科学技术的生命也在于创新。可以说，人类的文明史就是一部创新的历史。

创造（Creation）是把以前没有的事物给创造出来，是一种典型的人类自主行为。

发明（Invention）通常是指人类通过技术研究而得到的前所未有的成果。《中华人民共和国专利法》指出：发明是指对产品、方法或者其改进所提出的新的技术方案。

发现（Discovery）是对客观世界中前所未知的事物、现象及其规律的一种**认识活动**。发现也常常被称为科学发现（Scientific Discovery），这是因为发现的结果本身是客观存在的，是不以人的意志为转移的，而科学研究的目的就是发现这些客观存在的，尚未被人类掌握的规律，所以也称为科学发现。

创新、创造、发明和发现的区别是：首先，发现所涉及的事物（这里所说的事物是广义的，下同）是客观世界中已经存在的，而其余三者所涉及的事物都是客观世界未曾存在的。

其次，创造所涉及的范围比较广，上至天文下至地理，无所不含。而发明一般特指技术领域，也常使用技术发明一词。但两者皆停留在思想及过程阶段（比如常说的发明专利，专利的本质都是保护思想的）。倘若这种前所未有的思想一旦转变为结果并具备了经济及社会价值，就成为创新。

创新更具备目的及结果两个特点，或者说创新就是把知识和能力成功地转换为直接和间接的市场价值的过程。

例 1

法拉第发现电磁感应现象

1831 年，迈克尔·法拉第（Michael Farady）发现了电磁感应现象。但当有人问法拉第这有什么用时，法拉第说就像一个刚刚出生的婴儿，谁也不知道他会长成什么样子，也就是说当时法拉第也不知道这一发现到底有什么用处。

时至今日，应用这个原理诞生的创新成果数不胜数，已经极大地改变了人类的生活。比如我们熟知的：发电机、变压器、感应电机、充电电池的无接触充电、感应焊接、电感器、电磁成型（电磁铸造）、磁场计、电磁感应灯、中频炉、电动式传感器、电磁炉、磁悬浮列车等。

接下来我们讨论之前提到的亚马逊网站和当当网。

简单点说，创新是指人类提供前所未有的、有价值的事物的一种活动。

其中有两个关键词汇可以帮助我们进一步理解什么是创新。一个是"事物"，一个是"前所未有"。

这里的"事物"很广泛，既包括自然科学，也包括社会科学，上至国家政权，下至百姓生活，从天文到地理，无所不有。

这里的"前所未有"却只有一种含义，那就是"首创"。任何的创新都必须是一种首创活动。通俗点说，首创就是第一个的意思。不过这个首创因为参照对象的不同而有两种不同的含义：

第一，相对于其他人或全人类来说，发明者要是第一，是首创。比如，中国嫦娥四号代表人类第一次登上月球背面。

第二，虽然相对于其他人我们不是第一个，但相对于我们自己来说，是第一，是首创。比如，百度在谷歌之后推出搜索引擎；单位举办了一场与往年不同的新年联欢会；部门推行了新的工作方法；生产车间进行了某些方面的技术改进等。

第一种情况称为"狭义创新"，第二种情况称为"广义创新"。按照这个定义，想必大家已经可以判断出亚马逊网站和当当网分别是哪种创新的类型了。

需要说明的是，不论是狭义创新，还是广义创新，都会对社会进步起到相应的推动作用。

凡事先易后难，今天的创新学习更提倡从广义创新开始。也就是说，一个人对某一问题的解决是否属于有创造性的，不在于这一问题及其解决办法是否曾有他人提出过，而在于对个人来说是不是新颖的、前所未有的。只要我们相对于自己，有新的想法、做法，新的观念、设计，新的方式、途径，就是创新。

下面看一个广义创新的例子。

例 2

故宫博物院 94 年来首开夜场，邀你免费看元宵节灯会！

正月十五看花灯的习俗延续很久了。2019 年正月十五和正月十六，故宫博物院在建院 94 年来首次举办"元宵节灯会"，紫禁城古建筑群首次在晚间被较大规模点亮。

专家介绍，正月十五元宵节，古称上元节，是新一年的第一个月圆之夜，也是新春庆

贺活动的延续。然而，因为北京的古建筑以木结构为主，所以近年来几乎没有元宵节灯会会在文物保护单位内举办。2019 年，紫禁城打破了这一"传统"。

> 故宫博物院首开夜场，迎上元之夜，《千里江山图》《清明上河图》在古城墙上闪耀展示，让这个"最大的四合院"亮起来。
>
> 此次活动不收费，邀请了劳动模范、北京榜样人物、快递小哥、环卫工人、解放军和武警官兵、消防队员、公安干警等各界代表以及观众朋友（预约成功者）数千人，观灯赏景，共贺良宵。

瞧，连百年故宫都创新啦！只要我们结合身边的工作、生活做出前所未有的以及与众不同的事情，就是创新！

我们之所以提倡广义创新是为了消除创新的神秘感，消除大家对创新的畏惧心理，但并不是最终的目的。因为更有价值的创新不是相对于自己，而是相对于他人。

以下对狭义的创新进行讨论。

怎么理解创新呢？让我们再换个说法来看，创新其实就是：**做别人不做的事**！

例3

王永庆卖米

2008 年 5 月 12 日，汶川发生特大地震。灾情牵动了全国人民的心，也牵动了台湾同胞和全世界华人的心。台湾同胞中是谁，或者是哪家企业第一个向灾区捐款的呢？这就是著名的台塑集团，捐款数额达到 1 亿元。大家知道，台塑集团的创始人王永庆先生备受各界推崇，是令人尊敬的华人企业家，被誉为"经营之神"。（不幸的是王永庆先生已于美国东部时间 2008 年 10 月 15 日在美国逝世，享年 92 岁。）

虽然现在台塑集团都是大手笔，但早年王永庆可是从卖米开始的。下面我们看看王永庆早年卖米的故事，看看他卖米和别人卖米有什么不同。

王永庆早年因家贫读不起书，只好去做买卖。16 岁的王永庆从老家来到嘉义开了一家米店。那时，小小的嘉义已有近30家米店，竞争非常激烈。而他的米店开办最晚，规模最小，没有任何优势。怎么办呢？怎样才能打开销路呢？

请朋友们记住：要想比别人多挣些钱，一定要做不同的事情！哪怕与众不同的一点点。

首先，当时其他米店都是坐等顾客上门的，只有王永庆沿街去推销。那时候的台湾，农业还处在手工作业状态，由于稻谷收割与加工的技术落后，很多小石子之类的杂物很容易掺杂在米里。人们在做饭之前，都要淘好几次米，很不方便。但大家都已见怪不怪，习以为常了。

功夫不负有心人，王永庆从这司空见惯中找到了突破口。他和两个弟弟一齐动手，一点一点地将夹杂在米里的秕糠、砂石之类的杂物拣出来，然后再卖。一时间，小镇上的主妇们都说，王永庆卖的米质量好，省去了反复淘米的麻烦环节。这样，一传十，十传百，王永庆米店的生意日渐红火起来。

王永庆还增加了"送货上门"的服务方式。今天的快递业很发达，快递员都是送到家门口，但这在当时却是一项创举。更重要的是，在送货上门时他还做了以下工作：

第一，在送米上门的同时，还总是见缝插针地做一些精心的统计，比如这户人家有几口人，每天用米量是多少，需要多长时间送一次，每次送多少，他都一一列在本子上。据此估计该户人家下次买米的大概时间。到时候，不等顾客上门，他就主动将相应数量的米送到客户的家里。

第二，在送米的时候，王永庆还细心地为顾客擦洗米缸，记下米缸的容量，如果米缸里还有陈米，他就将陈米倒出来，把米缸擦干净，再把新米倒进去，然后将陈米放回上层，这样，陈米就不至于因存放过久而变质。王永庆这一精细的服务令顾客深受感动，赢得了很多顾客的心。

第三，王永庆还会了解顾客家发工资的日子，并记录下来，在他们发了工资一两天内去讨米钱。

王永庆这些精细、务实、跟别人不一样的服务，使嘉义人都知道在米市马路尽头的巷子里，有一个卖好米并送货上门的王永庆。王永庆就是这样从小小的米店生意开始了他后来造就台湾首富的事业。

从王永庆先生成功的例子我们可以得出结论：**不要以为创新就非得轰轰烈烈、惊天动地。把卖米这样细小的工作做好同样也是一种了不起的创新！**

众所周知，创新对一个国家、民族或企业都很重要，这里通过一个个人的例子来说明创新的重要性。

你一定听说过"头脑风暴法"吧？这个方法本书的第3章会有详细的介绍。下面咱们就看看有关这个方法发明人的故事。

例 4

"头脑风暴法"的发明人

"头脑风暴法"是美国的奥斯本率先应用并总结发表的，右图是他的照片。本书第3章中介绍的检核表法也是他率先应用的。

亚历克斯·奥斯本（1888—1966）于美国汉密尔顿大学毕业后，在《水牛城时报》任职，为该报撰写文章。但三个月后因被解雇而失业。第二天他拿着自己的文章去另一家报社应考。主考人问："你从事写作多少年了？"他回答："只有三个月。不过无论如何请你们先看一下我所写的报道。"主考看完文章后对他说："从你写的文章来看，你既无写作经验，又缺乏写作技巧，文句也不够通顺，但是内容略富有创造性，可以先让你代理两三个星期试一试。"奥斯本从主考官的话语中领悟出"创新"的重要。此后，他积极主动地开发自己的创造力，规定自己"每天要有新创意"，结果他工作成绩卓著，变得能力超群。

后来，奥斯本在布法罗大学开设了创造性思维夜校，致力于推广创新教育。1953 年，他出版了代表作《创造性想象》，被译成二十多种文字，引起了人们对创造力开发的广泛关注。其中就有著名的"头脑风暴法"。

你看，**创意、创新会给我们带来改变**，不是吗？

1.1.3 [精彩案例] 你还记得易信吗——首创有多重要

首创很重要，尤其是互联网时代。

2011 年 1 月 21 日，腾讯公司张小龙带领的广州研发中心产品团队打造的移动即时通信产品"微信"正式推出，如右图所示。

两年之后，2013 年 8 月 19 日，中国电信与网易宣布合资成立浙江翼信科技有限公司，并发布了移动即时通信产品"易信"。

易信是一款能够真正免费聊天的即时通信软件，免费电话、高清语音聊天、免费下载海量贴图表情及电话留言等功能，让沟通更加有趣。

易信支持跨通信运营商、跨手机操作系统平台，可以通过手机通讯录向联系人免费拨打电话以及发送免费短信，向手机或固定电话发送电话留言，同时，也可以向好友发送语音、视频、图片、表情和文字。此外，还可以通过"朋友圈"拍照记录生活，与好友们分享自己的近况。

而截止到 2019 年年初，微信依然不能直接通过手机通讯录向联系人免费拨打电话以及发送免费短信，貌似易信的功能更加强大，更有实质性意义，应该拥有更广泛的用户才对。

但是，多年过去了，据中商产业研究院的报告：2018 年 11 月中国移动 App

排行榜 TOP1000 显示，微信稳稳占据排行榜第一名位置，而易信已经被甩出前500 名，位居 512 名。

2019 年 1 月 9 日上午，腾讯在广州举行的微信公开课上发布了《2018 年微信数据报告》，报告中显示：2018 年微信的月活用户达到了 10.8 亿人。如今的微信已不再是一个单纯的聊天工具，更像是一种生活方式。吃喝玩乐、购物付款、政务办事等都可通过微信来完成。可以毫不夸张地说，完全为手机而生的微信，替腾讯公司在移动互联网时代抢下了一个"无可替代"的入口。

这样的局面归因为微信是"首创"的。

1.1.4 创新的 6 个特点

创新有以下 6 个特点：

普遍性。创新存在于一切领域，没有哪个事业、哪个行业、哪个领域是一成不变的。

永恒性。创新是人的本能，只要有人类，就有创新，这种活动受人类自我实现本能的支配。另外，人类的其他活动有可能终止，但创新永远不会终止。

超前性。由于创新就是相对于他人的首创行为，因此社会认识必然滞后于创新，创新总是超前的。

艰巨性。有两个因素导致了创新的艰巨性。其一是由于创新的超前性而致，因为超前，所以可能得不到他人的理解和支持，甚至遭到反对，给创新者造成很大的压力，并制造了艰难的创新环境；其二是由于创新本身，创新是做前人或他人没有做过的事情，实现创新的过程和方法都需要探索，因此带有不确定性和技术上的难度。这些因素共同导致了创新的艰巨性。

社会性。如前所述，完成一个创新，不但要想还要做，要实施。实施过程中就要与社会发生联系，产生社会性。在现代社会中，随着分工的细化，单打独斗的时代已经一去不复返。

创新无止境、无边界、无权威、无框框。**最好的创新永远是下一个！**任何学科、领域、部门都是人为划分的结果，既然是人为划分，就可以人为打破，故创新也无边界、无框框。有人会说隔行如隔山怎么解释，我们要说的是，在专业知识面前，不同的行业、专业是有着很大的差别，但在创新面前，规律是一样的，而且越是跨行业、跨领域的创新，越是能诞生超乎寻常的结果。规律表明，那些真正的创新大师们往往都是知识渊博的人，他们在多个领域都有建树，只是在某个领域更加突出而已。就像某位哲人所说，科学的殿堂就像一所大房子，不同的学科只不过是这所大房子开的一个个窗户而已。换句话说，不同学科之间原理可能是相通的。

因此，不要怕转行，必要的时候转行可能带来意想不到的结果。另外，要博览群书，这样非常有利于创新活动。这就是为什么现代社会复合型人才受到广泛欢迎的原因。

另外，在创新面前人人平等，谁都可以成为创新的强者，没有任何人是权威。很多时候，我们对权威的过分迷信会形成对创新活动的巨大阻碍。

让我们一起来看下面的两个例子。

例 5

权威心理

人们普遍都有相信权威的心理。心理学家穆勒曾做过一个实验，他提出了一些问题，请100名学生作书面回答。答卷交上后，他进行了简单讲评，并谈到了某位学术权威对这些问题的见解。后来他又发下答卷，要学生进行修改，结果学生们都不假思索地采用了专家权威的意见。

这便是心理学上著名的"权威实验"，证明了人们普遍存在的"相信权威胜于相信自己"的心理。

例 6

迷信权威，错失重大发现

人类到底有多少条染色体？20 世纪 20 年代初，美国遗传学家潘特就在其著作中指出：大猩猩、黑猩猩的染色体都是 48 条，由此可以推断人类的染色体也是 48 条。后来几十年，大家都认为人类的染色体是 48 条。

20 世纪 50 年代，美籍华裔生物学家徐道觉的一位助手，在配制冲洗组织平衡盐溶液时，由于不小心，配错了低渗溶液，低渗溶液最容易使细胞胀破。当他将低渗溶液倒进胚胎组织，在显微镜下无意中发现，染色体溢出后，铺展情况良好，染色体的数目清晰可见。这本来已使徐道觉找到了观察人类染色体数目的正确途径，他已意外地获得了发现人类染色体确切数目的大好良机，可是他盲目地相信潘特的结论，因此放弃了自己的独立研究，错失了一次原本该属于他的殊荣。后来又过了几年，另一位美籍华裔生物学家蒋有兴，也采用了低渗处理技术，才终于发现了人类染色体不是 48 条，而是 46 条。

徐道觉过分相信迷信权威，把本来能够实证的机会放弃了，真是无比遗憾。

1.1.5 创新的性质和过程

1. 创新的性质

创新的性质有两个：无中生有和有中生无。无中生有是指科学发现和技术发明；有中生无则指对现有事物的改进。

无中生有的事例太多了，可以说整个世界发展史就是一部创新的历史。从钻木取火、电的发现到世界上第一台蒸汽机、电灯、电话、电脑、电视、激光、原子能、移动互联网等，都是无中生有的结果，都是伟大的创新，都改变了整个人类的生活。

未来的世界将是怎样？真是很难预测，**要知道预测未来比创造未来还难**！

相比于无中生有来说，有中生无的事例就更多了。

例 7

华为 Mate 30 Pro

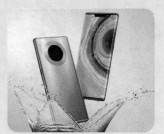

1973 年 4 月 3 日，由美国摩托罗拉公司发明，在纽约街头进行测试的世界上第一台手机摩托罗拉 DynaTAC 8000X 重 2 磅（907.2 克），通话时间为半小时，销售价格为 3995 美元。

2019 年 9 月 19 日，中国华为公司在德国慕尼黑举办重量只有 198 克的 Mate 30 Pro 全球首款第二代 5G 手机发布会，如右图所示。今天，无数世人尤其是国人以手中持有华为 Mate 30 Pro 而自豪。

诚然，某种意义上，不管华为的手机怎样先进，相比诞生于 1973 年的那个"大哥大"，都属于有中生无的改进型。

例 8

日本铃木味精的小发明

据说，日本铃木味精公司曾有一段趣闻。经理命令全体职工："为了使味精的销售额增加一倍，不论是什么样的设想，每人至少要提出一个来。"

营业部门、宣传部门、制造部门都各自提出了销售奖励政策、引人注目的广告、改变瓶子的样式等各种方案。可是，有一名女工却感到束手无策，脑海里一片空白。

一天做晚饭时，她正准备做一种粉状佐料，但由于佐料潮湿倒不出来。无意中，她将筷子插到瓶口内盖的孔里，把孔弄大了点，佐料便哗啦哗啦地倒了出来。

一见此状，母亲便说：

"经理不是要你们提设想吗？这个不是正好吗？"

"哪个？"

"把瓶口开大一点呀！"

她寻思："这也算吗？"因为实在想不出什么来，只好提出了将味精瓶口内盖的孔增大一倍的设想方案。

没想到审查的结果，这一方案居然列入了中奖的十五个项目中，她得到了三万日元的奖金。试销之后，果真使销售额倍增。为此，经理还给予了特别奖。

她大吃一惊："原以为设想是很难的事，却轻易就得奖了。像这样设想，我一天可以提出两三个！"

其实，改进型的创新就是这么简单。

2. 创新的过程

● 创新的过程分为两步：想和做。

想，就是要敢于想前人所未想；做，就是要敢于做前人所未做。

首先要敢想。我想这里的重点应该放在"敢"字上。有很多的人，想都不敢想，更别说做了。虽然完成一个创新不仅要想还要做，但想是前提，首先要敢想，也就是要善于进行创造性思考。"我一直以为那样做是不行的""我以前从来没有想到过，让别人一说还真是那么回事"，我们经常听到这样的话不是吗？所以要经常做一些"敢想"的练习才对。

之所以不停地鼓励要"敢想"，**是因为创新的本质是做"非共识"的事。**已经是大众共识的事物，就没什么创新可言了。所以当我们心心念念想"创新"的时候，还要有心理准备去接纳大家的"非共识"，接纳大多数人的不相信、不支持甚至看笑话，因为他们期望通过你的失败来证明所谓"共识"的正确。创新的道路就是非共识的道路，就是在怀疑与争议中前行的道路。因此，一定要敢于想敢于做！

在这里再多说几句"敢想敢做"。不得不说，中国传统文化对于"非共识"有极高的警惕。不管是"不听老人言，吃亏在眼前"的古训，还是"要乖""听话才是好学生"的教育模式，一切都是把"遵守既定规矩""不要打破传统""不要挑战共识"内化为我们生存的本能。所以，这也是为什么我们在日常学习与工作中，"创新"并没有真正成为主流和共识的原因。

其次，成功者大都是思维活跃、善于思考的人。随着知识经济的到来，思想、创意、新的知识点的价值越来越大，一个好的创意可能拯救一个企业，开拓出一片新的天地。

到底该怎样去想，或者说怎样正确地进行创新性思考呢？请关注后面创新思维训练的内容。

另外，有个好的想法还要敢于去实施。事实上，并不是每一个创意都能转换成很好的结果，都能被市场所接受，不去试验一下，不会知道新想法到底怎么样。"要是失败了多丢人啊""大家都会笑我的"等，拥有这些想法的人绝不会成为很好的创新者。

1.2 创新能力

例 9

金融危机到来，网吧能做什么？

据 CCTV 新闻频道报道：网吧本来是人们上网休闲的地方，但日本东京一家网吧却增加了一项新的功能，为没有住所的失业者提供住所。这样一来，这些失业者不仅有住的地方，而且在重新寻找工作的时候还可以把网吧的地址写在求职申请上，以方便雇主和自己联系。原来，2008 年的金融危机爆发后，日本的许多企业开始裁员，一些来大城市打工的失业者就不能再住在原来企业的宿舍里，他们开始过着居无定所的生活。而日本的法律规定，求职者必须提供自己的正式地址才可能被雇用，这可难坏了他们。

为解决这个难题，东京这家网吧别出心裁，向这些居无定所的求职者提供长期住宿，这样他们就有了自己的一个正式地址。尽管网吧提供的住所很简陋，不过是仅能容纳一人睡觉和上网的小格子间，但他们却很满足。

目前，这家网吧的 50 个格子间都已经住满了。

从上面的这个例子我们不难看出，东京这家网吧适时做出的创新举措不仅让企业实现了利益最大化，并且还受到了消费者的好评。

1.2.1 什么是创新能力

创新能力简称为创造力，特指创造者进行创新活动的能力，也就是产生新的想法和新的事物或新理论的能力。

创造者可以是个人，也可以是群体或国家，由此，可区别称为个人创造力、群体创造力或国家创造力。但群体及国家的创造力都是以个人创造力为基础的，故本书着重谈的是个人创造力的提升。

尽管我们给出了创造力的含义，但大家可能还是不能准确地把握它。创造力到底是一种什么能力呢？

下面我们对创造力和智力做一个比较。

●智力是一种建立在一定知识、经验基础上的认知能力，也就是认识世界的能力。今天教给小孩子这个东西叫"杯子"，明天再问他"这叫什么"他立刻说出"杯子"，我们就说这个孩子智力好。智力的核心能力是记忆力，还包括注意力和观察力。

●**而创造力是一种改造世界的能力！**要改造这个世界，首先要认识这个世界，因此创造力包括智力，智力是创造力的必要条件。

最新观点认为，智力是一种中间能力，而创造力才是人的最终能力。正因为如此，创造力成为人类最主要、最宝贵的能力。一般来说，优秀的人、成功的人都是创造力出众的人。

换个角度说，我们不仅要知道世界是什么，它是怎么来的，还要知道怎样改造世界。学生在学校里不仅要学习认识社会、适应社会，更要学习如何改造社会。

例 10

小学二年级的数学

看一个朋友早年的例子。那时候朋友的孩子读小学二年级，其中数学有一个单元是"长度与刻度"，单元学习结束后有个单元测验。那天朋友的孩子回到家后举着考试卷让她签字，她一看考试卷的内容，基本都是单位之间的换算，1米等于多少厘米之类的，应用题也差不多是这些。

她一边签字一边问孩子："刻度标在哪里呀？"孩子立刻回答："尺子上，用尺子丈量长度。"她又接着问："刻度除了标在尺子上，还能标在哪里呀？"这个问题把孩子问住了，他说："不知道，没有学。"于是她便引导孩子去找找看，看看有什么东西如果标上刻度后会更方便一些。

小学生学了长度和刻度后，如果只停留在长度单位的换算上，只知道用标有刻度的尺子去丈量长度，尽管他做得很熟练，但这只能是对智力的培养。如果再引导学生学习了长度和刻度之后，"还能把刻度标在哪里，能让我们的生活更美好"，就属于开发了创造力。

例 11

袁隆平的故事

我们来看一个大家熟知的人的故事，来体会一下改造世界的含义。他就是袁隆平。

中国最富有的人应该是谁？

一点都不夸张地说，如果袁隆平去申请专利的话，他一定可以成为中国最富有的人，但他却把专利无私地贡献给了国家。我们能做到吗？

记得在我读初中的时候，就在课本上学习过袁隆平的先进事迹。但那个时候对他带给人类的贡献还不能充分理解。还是看一看数据吧，没有杂交水稻之前，全国最好的稻田亩产为400公斤。而现在，大部分稻田亩产在800公斤左右。你看，人工杂交水稻这项技术已经使稻米产量提高了一倍！袁隆平的杂交水稻技术每年增产的粮食就为世界解决了7000万人的吃饭问题！

袁隆平为此付出的艰辛是常人所不能想象的。

当年袁隆平考大学，选什么专业呢？家人十分尊重他的意愿，他最终如愿以偿地跳进了"农门"。之后，他教了很多年的书。

袁隆平一边教书一边搞科研。经历了1960年的大饥荒之后，他决心研究出高产的水稻品种，让更多的人能吃饱饭。当时，雄性不育株的培育是个世界性难题。但袁隆平坚信，外国人解决不了的问题，中国人不一定不能解决，而且他根据学到的原理大胆推论：大自然中就应该存在这样的植株。

农业科研和工业不一样，时效性非常强，农时不等人。1964年，为了找到水稻雄性不育株，袁隆平每天顶着烈日，弯着腰，脚踩着烂泥，一株一株地在稻田中查看，终于在第十四天他发现了一株雄性不育的植株。他欣喜若狂。这样的植株是他以后进行科研的关键啊！1964年到1965年的两年中，他和妻子一共找到了6株雄性不育株。

1964年到1970年的六年中，袁隆平和助手们先后用1000多个品种，做了3000多个杂交组合，都没有成功。直到他们转变思路，跳出栽培稻的圈子，利用在海南岛发现的一个新植株进行试验后，才为杂交水稻技术找到突破和转机。又经过随后"过五关"的磨难，1974年，袁隆平研制的杂交水稻才具备了大面积推广的条件。

又是30多年过去了，现在，已有20多个国家引种杂交稻，联合国粮农组织把在全球范围内推广杂交稻技术作为一项战略计划，袁隆平受聘为联合国粮农组织的首席顾问，要到各国进行指导。这真是："喜看稻菽千重浪，遍地英雄下夕烟。"

袁隆平获得了"首届国家最高科学技术奖"，不仅赢得了中国人民的尊敬和喜爱，而且正像世界杰出的农业经济学家唐·帕尔伯格写了一部名著《走向丰衣足食的世界》中对袁隆平评价的那样，"他在农业科学的成就击败了饥饿的威胁，他正引导我们走向一个丰衣足食的世界。"

读到这里，你对创造力——改造世界的能力应该有一个初步概念了吧！

1.2.2　创新能力由哪几部分构成——创造力公式

下面我们进一步对创新能力做深入了解。人的创造力由哪些能力组成呢？请看下面的创造力公式：

公式一：创造力 = 智力 + 创造性

智力是创造力的必要条件，是基础。我们要想改造这个世界，首先要认识这个世界。因此，一个成功的创新者必然要掌握大量的相关知识和技能。当然，这里的知识不仅包括书本上的专业知识，还包括实践中的经验积累。

公式二：创造性 = 创新精神 + 创新思维 + 创新的方法

创造性是创造力的充分条件！有没有创造性是一个人有没有创造力的核心。有的人智力很好，书读了很多，知识很丰富，学历也很高，但就是缺乏创造性，因此一生中没有多少真正的创造性成果；而有些人学历虽然不高，在开始进行创新的时候也没有积累大量的知识，但他们的创造性很好，尤其是在创新精神和创新思维方面超常，最终他们取得了令人羡慕的成绩，同时也为人类的发展做出了巨大的贡献。下面这几例就是这样的代表：

瓦特：工人，发明了蒸汽机；

斯蒂芬森：放牛娃，发明了火车；

李春：石匠，设计了赵州桥；

李时珍：落第书生，药物学家；

华罗庚：店员，著名的数学家；

齐白石：木工，国画艺术大师；

高尔基：杂工，伟大的文学家；

吴运铎：工人，兵工专家。

还有大家熟悉的爱迪生，他只读了 3 个月的小学，一生中却有两千多项发明，一千多项专利，平均每 15 天就有一项发明。他的许多发明彻底改变了这个世界，改变了人类的生活和发展！

创造性公式中的这三项都很重要。其中，创新精神是创造力的前提，创新思维是创造力的核心，而灵活运用创新的方法能让创造力快速得到提升。

创新思维和创新方法都分别列了一章来讲，但创新精神没有单独列出一章，就放在本章中我们来谈一下，即 1.3 节中你将看到的内容。

请思考

在理解了创造力含义的基础上，你应该得出这样的结论：现实中每个人的创造力高低是不一样的。你认为这种差别是天生的吗？你敢说自己是创造力高的人吗？

1.2.3　精彩案例　必须正视的奇迹——日本靠什么

日本，亚洲最发达的国家之一。虽然媒体普遍认为日本房地产泡沫破裂后经济迟滞不前，创新能力下降，经历了"失去的二十年"，但我们必须正视：

从 2000 年到 2018 年，日本在 19 年中拿到了 18 个诺贝尔奖，仅次于美国，位于全球第二。

来自搜狐网的消息，专业资讯服务提供机构科睿唯安 (Clarivate Analytics) 公布了 2018~2019 年度全球创新百强企业与机构 (Derwent Top 100 Global Innovators) 榜单，排名基于专利相关的四个维度，包括每年申报的专利总数、获得审批的专利比例、专利组合在全球的分布情况以及通过被引用次数所得出的专利影响力。其中作为全球创新中心的美国和日本，在百强中的比例超过了 70%，日本更是以 39 家力压美国的 33 家。而中国只有华为、小米和比亚迪等几家企业入围。

日本有 11 家企业获得英特尔 PQS 奖[○]，这在全球评出的总共 18 家获奖企业中占有绝对的优势。iPhone 里的 1000 多个核心部件有一半以上源于日本制造。

在技术研发方面，日本有几个指标名列世界前茅：

研发经费占 GDP 的比例列世界第一；

由企业主导的研发经费占总研发经费的比例世界第一；

日本核心科技专利列世界第一，约 80%；

日本的专利授权率高达 80%，居世界前列，可见其专利申请的质量。

麦肯锡在 2013 年曾发布研究报告，罗列了有望改变生活、商业和全球经济的未来 12 大新兴颠覆技术，分别是：移动互联网、人工智能、物联网、云计算、机器人、次世代基因组技术、自动化交通、能源存储技术、3D 打印、次世代材料技术、非常规油气勘采、资源再利用，目前日本在全力投入以上这 12 个方面，且大部分已经做到了世界前三名的位置。

事实上，日本的技术已经渗透到全世界的各个方面，各个角落。

不仅如此，日本人的平均寿命已经连续三十多年位居世界第一，同时在《联合国人类发展报告》的世界最佳生活品质排名表中，日本一直长期居于首位。

○ PQS 奖即英特尔公司发布的最佳品质供应商奖，旨在激励英特尔主要供应商提升品质，追求卓越。要达到 PQS 资格，供应商必须在英特尔的评估成绩单上得到 80 分以上。该评估成绩单主要测评供应商的业绩、成本效率、质量、可用性、交货情况、技术以及反应性指标。

日本的国土面积是 37.8 万平方公里，人口约为 1.26 亿。日本国土狭小，资源贫乏，国民经济所需的主要资源 90% 依赖进口。

不禁要问，这样一个资源匮乏、土地面积稀少、原材料几乎都要进口的国家为什么能在半个多世纪中维持 GDP 居于世界前三位？美国曾评论，资源小国日本成为经济大国的奇迹，在世界上是绝无仅有的。

正视奇迹，日本靠什么？还是让我们听听日本人怎么说：

日本前首相在谈及日本经济起飞时曾经说过："日本土地狭小，资源短缺，靠什么在世界立足？靠什么与人竞争？主要靠开发国民的创造力。"

成立于 1960 年的日本发明学会的会长丰泽丰雄说："对于既没有辽阔疆土，又没有资源的日本来说，目前能成为一个经济大国，就是因为每年有 50 万人走进'创造大学'，这所大学培养了他们的创造能力，产生了难以估量的无形财富，并转变成有形财富。"

1960 年，日本池田内阁的《国民收入倍增计划》，要求教育成为"打开能够发挥每个人创造力大门的钥匙"。

1963 年，日本经济评论会在《关于人的能力政策的报告》中指出："最重要的是产生独创技术的创造力，比什么都重要的是通过教育，使广大国民具有可能实现自主技术的基础教养和创造能力。否则就难以涌现足够数量的有创造能力的科学技术工作者。"

1982 年，日本前首相福田纠夫主持会议，确认把提高创造力作为日本通向二十一世纪的保证。

为了鼓励国民搞创新，日本政府把每年的 4 月 18 日定为发明节，这一天举行表彰会，纪念著名发明家等活动。

难怪许多经济学家评论说，经济大国的实质是创新、创造、发明大国。

一个国家、一个民族想要进步，就要正视别人的成功。只有这样，我们才可以缩小差距、超越别人，自强于世界民族之林，实现中国梦！

1.2.4　创新能力的特点

不知你对上面要求思考的问题有什么样的结论，请注意和下面讲的创造力的3个特点进行对照。

提示

包括这3个特点在内的一系列结论获得了诺贝尔奖！获得者是美国芝加哥大学的R.W.斯佩里博士及他领导的研究小组。

创造力的3个特点是：

●创造力人人都有。

决定创造力的是人的大脑。只要脑细胞发育正常，每个人都有创造力，并且每个正常人的创造力天赋都相差不大。也就是说，我们一生下来是站在同一起跑线上的。我们大家在婴幼儿期和爱因斯坦、爱迪生有着同样的创造力。

这一结论打破了"天才论"，纠正了人们过去一直认为的创造只是少数人所为，普通人可望而不可及的错误思想，揭开了创造的神秘面纱。

也许你要发问了，既然我们荣幸地和爱因斯坦、爱迪生有同样的创造力，那为什么我们没有成为爱因斯坦或爱迪生呢？对这一问题的回答请见创造力的第二个特点。

●创造力是潜力，需经过开发才能释放。

创造力必须经过开发才能表现出来，如果不开发，永远是潜力，一直到老。每个人的创造力大致是相同的，即便是有区别也没有数量级的区别。之所以后天表现的差别极大，是因为开发的程度不同，只要我们去开发，创造力就会释放；不断开发，就会不断释放，我们的创造力水平将不断提高，人人都可以成为创造的强者。

那么，创造力什么时候可以开发到头呢？不断地开发会不会把脑子累坏呢？请看创造力的第三个特点。

●创造力潜力无穷。

要回答这样的问题，先要从脑细胞的数量谈起。

每个人长到 12 岁后，脑细胞就基本发育成熟，其总数量达到 140 亿个。你可能要问这 140 亿个脑细胞意味着什么？它相当于 100 万亿个开关的计算机，假如它全部用来记忆，请猜一下，能记住多少本书呢？ 50 本，100 本，还是 1000 本呢？

都不对！正确的答案是 500000000 本，即 5 亿本！

这个数字与我们的想象值有巨大差距，它就是我们潜在的脑资源。

请记住：**一个人能做的事比他所做的事要多得多！**人脑 24 小时的显意识与潜意识活动量极大，如用文字记录下来约可写成 20 万字，但其中有创造价值的部分仅为数百至数千字。

研究表明，普通人一生中只用了全部脑细胞的 3%~5%，其余 95%~97% 都未被开发利用，所谓的人才也只用了 10%。那么伟人用了多少呢？伟大的科学家爱因斯坦逝世后，捐献了自己的头颅，经二十余年的研究发现，爱因斯坦的脑细胞数量及重量与常人一样，只是细胞之间的突触较多，说明用脑较多，但也只是用了全部脑细胞的 30%！这位划时代的、以头脑当实验室的物理学家，也依然有 70% 的脑资源未被开发利用。因此，我们可以得出结论，相对于有限的生命来说，我们有无限的脑资源。只要我们不断去开发，都有可能成为人才，成为伟人。

前面讲了，创造力存在于人脑之中，那么，无限的脑资源中自然也潜藏着无限的创造力，这就是为什么说创造力潜力无穷的原因。

综上所述，创造力有三个特点：一是创造力人人都有；二是创造力是潜力，需经过开发才能释放；三是创造力潜力无穷。这三句话看起来很简单，但却是真理。真理都很简单，可一旦被群众掌握，就会爆发脑内革命！

苏联的创新教育学工作者曾指出，如果人人都能正确地认识自己巨大的创新潜力，那么世界上的发明家、创造者的数量可以增加千万倍。这将给人类文明带来巨大的社会效益。

1.2.5 创新能力存在于大脑的什么地方

下面我们来看创新能力，也就是创造力到底存在于大脑的什么地方？是"左半球"还是"右半球"？

进一步的研究证明，创造力存在于我们的右脑之中。右脑被称为创造脑，而左脑被称为知识脑。左脑主管语言、计算、逻辑思维和时间管理，通常左脑发达的人，智力较高。右脑主管音乐、艺术、非逻辑思维、情绪感知和空间管理，右脑是用形象来思考和记忆的。

过去，左脑被认为是优势半球，因为它主管着语音中枢，并管理着人的右侧身体活动；而右脑被认为是劣势半球，并认为它只管左侧身体活动。因此，过去的传统教育偏重于左脑的开发，而忽略右脑的开发，今天，当人们已经了解到右脑的巨大潜力之后，如何更好地开发右脑已成为教育工作者研究的重要问题。

需要指出的是，虽然右脑是创造脑，但要真正完成一个创造，却需要左右脑的密切配合，二者缺一不可。也就是说，首先由右脑提出一个看起来是非逻辑的创造性设想，然后再由左脑将其转化成语言和逻辑表达出来。爱因斯坦曾说过："我不是以语言来思考，而是以跳跃的形状和形象来思考，然后努力将其置换成语言。"这说明爱因斯坦是右脑和左脑同时工作的。

请思考

右脑主管身体哪一边的动作？左撇子好不好？你能列举出知名人士中谁是左撇子吗？

1.2.6 《行动手册》——"21天创新训练法"

长期以来，由于创新本身的复杂性，使创新能力和创新过程蒙上了一层神秘的面纱，而每个人与生俱来的创造力也被视为少数人的天赋才能。但大量的事实证明，创造力不属于某些天才，普通人经过开发训练，一样可以进行创新活动。

美国布法罗大学曾通过对 330 名大学生的观察和研究，发现受过创造性思维教育的学生，在产生有效的创见方面，与没有受过这种教育的学生相比，平均提高 90%。

另一项测试表明，学过创新方面课程的学生，与没有学过这类课程的学生相比，自信心、主动性以及指挥能力方面都有大幅度提高。

美国通用电气公司长期坚持开发职工创造力的培训。他们得出的结论是：那些经过创造力开发培训的人，发明创造和获得专利的速度，平均要比未经过培训的人几乎高三倍。

大家都知道，美国的普通教育和高等教育对学生掌握基础知识和技能的要求并不高，但他们非常注重创造力的开发，培养了大批有创造力的人才，这也是至今西方 60% 以上的重要科技成果都出自美国人（当然包括移民）的根本原因。

美国获诺贝尔奖的人数遥遥领先于世界各国，这不能不说跟美国教育从小就重视创造性培养有关。事实也证明，创造力是可以开发和训练的，开发与不开发截然不同。

读到这里，你一定会问：那么用什么方法开发和训练创造力呢？下面就介绍一个简单实用的方法：

"21 天创新训练法"！

即每天提出一个创新设想，连续坚持 21 天。

方法说明：根据《行动手册》的要求，希望你一边学习一边训练；当然，也可以整本书读完后再开始训练。不管怎样，一定要坚持 21 天！

运用书中介绍的创新思维方式和创新的方法，每天围绕工作或者生活提出一个新"问题"及新"设想"来，哪怕不去实施都没有关系，久而久之，就形成了创造性的思维，进而给我们带来全新的改变。

请把你的设想随时在《行动手册》中记录下来吧。

1.3 创新精神

1.3.1 创新者与普通人的首要区别

所谓精神，是指人的意识、思维活动和自觉的心理状态，包括情绪、意志、性格等。创新精神特指人的创新意识和创新性格。其中，创新意识又包括创新愿望和创新动机。

创新精神是创新者与普通人的首要区别。

在构成创造力的因素中，创造性是一个充分条件，而排在这个充分条件第一位的则是创新精神。创新精神是创造发明的内动力，是主导，是前提。它是指挥一个人行动的能源。所以，有意搞创新的人，首先要培养自己的创新精神。

有人对八百名男性进行了几十年的追踪调查发现，成就最大的人并不是智力最好的人，而是创新精神最强的人。由此也可以看出，**创新精神是创造者与普通人的最大区别。**

一个真正的创新者一定具备以下特征：

虚心好学，坚持不懈；

善于发现问题、分析问题和解决问题；

敢想敢干敢于实践；

百折不挠；

以造福人类为终极目标而不是为了追求财富。

例 12

贝尔发明电话

你一定知道电话是贝尔发明的，可你知道贝尔发明电话之前完全不懂电？他是怎样发明电话的呢？他经历了怎样的艰难过程？

1847 年 3 月 3 日，亚历山大·格拉汉姆·贝尔 (Alexander Graham

Bell) 出生在苏格兰的爱丁堡。他 17 岁进入爱丁堡大学专修语音学，后来，他随家人先后迁居加拿大和美国。1869 年，年仅 22 岁的贝尔应聘担任美国波士顿大学语音学教授。在一次试验中，他意外发现一个现象：当电流接通和截止时，螺旋线圈会发出噪声。这让贝尔的脑海中出现一个大胆的设想：如果能把说话时的空气振动变成电流的流动，

用电流强度的变化来模拟声波的变化，用导线把电波传送出去，再把电波还原为声波，那么用电传送语音不就可以实现了吗？

可是当贝尔兴致勃勃地把自己的想法告诉电学界的几位人士的时候，却遭到了冷嘲热讽，认为他这是不切实际的妄想。但贝尔并不泄气，也不自卑，他专程赶到华盛顿，求教于当时的大物理学家——约瑟夫·亨利。他得到了老科学家的支持。当贝尔表示自己不懂电学，会有很多困难时，亨利先生很坚决地回答说："掌握它！"

老科学家的支持使贝尔受到很大鼓舞，回到波士顿以后，他把全部业余时间都用来研究电学，经过刻苦努力，只用了几个月的时间他就基本掌握了电学知识。1873 年初夏，贝尔辞去波士顿大学教授的职务，正式开始了电话的设计和实验工作。他找到了一位电工技师沃特森做助手——每当贝尔有一种新的构思时，沃特森就马上进行制作。

那时候，贝尔走路、吃饭、乘车甚至连睡觉时候都在想着电话机。有时候从睡梦中醒来，有了新的想法，他就立即起床画图，沃特森也马上照图施工，并接着进行试验。可是，这些设想都一个接一个地失败了。在他们面前没有现成的路……在随后的两年中，他们究竟试过多少方案，有过多少次失败，已经

无法统计。两年后，他们终于制成了两台粗糙的电话机。贝尔和沃特森把这两台电话机分别放置在相距二十几米远的两个房间，用电线将它们连接起来。试验开始，他们对着自己的电话机大声吼叫，可是机器就像聋哑人一样毫无反应，他们都快把嗓子喊哑了，依然不能通话。他们沮丧极了，两年来牺牲了所有的休息和娱乐，耗尽了心血，造出来的电话却是个不争气的"哑巴"！

面对一次一次的失败，贝尔没有退却，他苦苦地思索着：为什么会失败呢？是设计的毛病、制作的差错，还是用电传递声音的原理不能成立？

那天，夜幕降临了，窗外传来阵阵"吉他"的曲调声。这叮叮咚咚的音响，使沉思中的贝尔豁然醒悟。"吉他"的共鸣启发了年轻人，他联想到可能是送话器和受话器的灵敏度太低，所以声音微弱难以辨别。是否可以通过共鸣使声音放大？

贝尔马上设计了一个助音箱的草图，一时找不到材料，他们就把床板折下来，两人一起动手，连夜制作，做好时天已经大亮，他们草草吃了几口面包，又接着改修机器。一连两天两夜他们都没有合眼，到第三天傍晚终于完成了。他们不顾天气炎热，浑身汗水，接着进行试验。一端，沃特森把受话器贴在耳边，另一端贝尔对着送话器大声呼喊："听见了吗？沃特森。"沃特森屏气静息地听着，受话器里的声音开始非常微弱，后来变得清晰响亮起来，沃特森惊喜万分："贝尔，我听见了！我听见了！"两人欣喜若狂。

电话终于试验成功了！历史记录下了这难忘的时刻——1875年6月2日傍晚。

又经过半年多的努力，贝尔将其改制成实用的电话机。1876年2月14日，贝尔获得了电话机的发明专利，专利证号码为NO:174655。

贝尔当年的电话机现在还保存在美国华盛顿历史与技术博物馆里。人们将永远不会忘记贝尔发明电话的功绩。

各位，当你再次拿起手中的电话时，是否也为贝尔不畏失败敢于创新的精神所感动？如果换成我们，真的还会坚持下去吗？

1.3.2　创新意识和创新性格

我们在前面说了，**创新精神由两部分构成：创新意识和创新性格。**

● 创新意识

创新意识中最重要的是创新的愿望，其次是要有正确的创新动机。一个人的愿望的形成是需要外部环境的，比如，小孩子从小就受到家长的鼓励和引导，从而热爱创新；一名工作人员受到单位的倡导和激励制度的影响，从而热爱创新等。

在创造力的概念中，还有一个问题需要强调，那就是创造力这种能力带有方向性，换句话说，它是矢量。这就意味着在一个群体中，很有可能出现这样的情况。每一个个体的创造力都很高，但由于方向的混乱，因此最终表现的群体创造力可能为零。

造成这种现象的原因在于——环境！一个人的创造力能否源源不断地释放，与环境有很大关系。环境是否鼓励创新，有没有相应的激励制度等，都影响创造力的发挥——通过影响创新精神、创新动机等而影响创新能力。所以，这就是为什么很多企业都通过制定好的创新激励制度来持久地鼓励员工的创新行为的原因。国家也是一样，国家通过各种科技进步奖项、鼓励科技创业企业、提倡自主创新、实施863计划等一系列措施来鼓励民众的创新活动，从而提升国家的整体创新能力。

● 创新性格

创新性格中最重要的是两大性格特征：一个是自信；一个是不怕失败，百折不挠。

心理学调查研究发现：世界上95%的人都有自卑感，由于自卑感造成的人才埋没远远高于因社会环境造成的埋没。这种自我埋没极大地遏制了人们创造才能的发挥。想想看，你曾经埋没过自己吗？要不然会……

自卑的表现：我天生就不是那块料；我从小就笨，不如别人聪明；我肚子里的"墨水"太少，搞不了创新；我是女生，怎么也干不过男生；我的情况特殊，没有别人的条件；等等。

自卑成了我们最大的敌人！因此，一个创新者首先要自信，要相信自己能行！在这里，和各位朋友分享一个提高自信心的体会：

"觉得别人伟大，是因为自己跪着，站起来吧！"

创新面前没有权威，没有强者，只要我们敢于去创新，我们自己就是创新的强者，而且，科学告诉我们，每个人的创新潜力是一样的，只是释放的程度不同而已。

另外，创新本身就是做前人没有做过的事情，因此，极有可能遇到失败。而成功者和失败者的区别在于：他们遇到同样的失败，但他们对待失败的态度截然不同。

失败者让失败变成了真正意义的坏事，而成功者让失败变成了前进的新动力。其实，只要我们不放弃，是没有什么真正的失败的，除非我们放弃。

1.3.3 [精彩案例] 决不放弃——我的征途是星辰大海

埃隆·马斯克（右图）是全世界私人造火箭第一人，他的火箭公司为美国太空探索技术公司，简称 SpaceX 公司。他还同时拥有电动汽车特斯拉及太阳城太阳能板两大公司。

2016 年 4 月 9 日，SpaceX 公司"猎鹰9号"火箭搭载"龙"飞船从美国卡纳维拉尔角空军基地升空。在经历了四次失败之后，

一级火箭稳稳降落在一艘名叫"Of Course I Still Love You"（当然我还爱你）的无人驳船上，与船正中心位置仅有很小偏差。这是人类首次实现火箭海上回收，意义重大，而且其技术难度也非常大，有人形容其难度犹如"在狂风中让扫帚柄直立于手掌上"。

美国东部时间 2018 年 2 月 6 日 15 时 45 分，由美国太空探索技术公司研发的猎鹰重型火箭成功发射，并在完成任务之后顺利回收。这次发射埃隆·马斯克将自己旗下研发的特斯拉红色跑车送入了太空。这是一个令全世界都倍感振奋的消息！猎鹰重型火箭的造价远低于同类其他火箭，但是性能却足够碾压近 30 年来的所有火箭。

北京时间 2019 年 3 月 3 日 18 时 51 分，在经历了 27 小时的太空跋涉后，SpaceX 公司研制的载"人"版"龙"飞船成功与国际空间站对接。虽然这次未搭载真人，但依然举世瞩目。

不得不说，埃隆·马斯克是个奇迹，一个敢于创新的疯狂奇人。然而在几年前，马斯克给人们留下的印象还是一个极具争议的人物，他经常提出惊世骇俗、天马行空的构想。然而，伴随着马斯克的成功，人们不仅开始仰慕他敢想敢干的品格，也开始钦佩他不屈不挠、百折不回的精神！

虽然马斯克凭借自己的智慧在 30 岁那年就成为拥有 3 亿美元财富的科技新贵，但他并不满足于此。他要实现从小就梦寐以求的理想：征服太空！

很多人都觉得马斯克疯了，并嘲笑他的梦想。**就连他心目中的偶像，第一位登月的阿姆斯特朗也觉得这个计划是荒谬且不可能实现的。**被自己心目中的英雄所否定，这对马斯克而言是最沉重的打击。在面对记者采访的时候，他提及此事眼中饱含泪水。尤其是 2008 年的金融危机，曾让他的公司濒临破产，火箭计划也几近夭折，那时候的马斯克经常半夜做噩梦并尖叫着惊醒。

但是，马斯克曾在采访中说道："**我不知道什么叫放弃，除非我死去。**"

经历了种种磨难之后，马斯克的公司不但都活了下来，还创造了非凡奇迹！

《当幸福来敲门》里有一句经典台词："如果你有个梦想，你就要去捍卫它！"

埃隆·马斯克正是这样一个梦想的捍卫者!

1.3.4　一万年太久，只争朝夕

创新请从今天开始!

下面借用两首古诗文结束这一章的学习:

今日歌

（明）文嘉

今日复今日，今日何其少!

今日又不为，此事何时了?

人生百年几今日，今日不为真可惜!

若言姑待明朝至，明朝又有明朝事。

为君聊赋今日诗，努力请从今日始。

明日歌

（明）钱福

明日复明日，明日何其多。

我生待明日，万事成蹉跎。

世人若被明日累，春去秋来老将至。

朝看水东流，暮看日西坠。

百年明日能几何? 请君听我明日歌。

第 2 章　创新思维训练

"有些人只看见事物的表面，他们问'为什么'；而我却想象事物从未呈现的一面，我问'为什么不'？"

——【英】著名剧作家、评论家乔治·萧伯纳

读前设问

　　有效的创新思维训练公式是什么？想象思维有哪两种形式？什么是扩散思维和集中思维？联想的四种方式是什么？怎样合理运用灵感思维呢？

2.1　创新思维

2.1.1　什么是创新思维

　　为了更好地理解创新思维，我们还是先来看看什么是思维。

　　通俗点说，思维就是思考、思索，是为了完成某项任务大脑皮层进行的一种活动。如果再分解一下，思就是想的意思，维指的是维度和秩序，因此，**思维就是大脑为了解决某个问题而进行的不同维度的、有秩序的思考**。这里的不同维度和秩序就是我们常说的思维方式。

　　构成思维有以下三个基本要素：

● 智力。智力取决于基因和幼年期后天环境的影响与教育，即天赋与后天教育的统一。但相对来说，后天教育对智力的高低起着更加关键的作用。比如大家熟悉的狼孩的例子，就充分证明了这一点。智力主要表现为观察力、注意力和记忆力。

● 知识。知识是通过学习和社会实践而得到的对事物的认识，主要指科学文化和社会经验等。比如，通过学习我们都知道了太阳系、银河系等天文知识；通过实践掌握了基本的为人处事的经验，从而能正确地对人作出判断。

● 才能。才能是人们有效地达到某种目的的心理能量。才能分为两部分：一部分是特殊才能，比如音乐、舞蹈、体育、绘画等，这与人的天赋有关；

另一部分属于一般才能，与后天的教育实践有关。

思维是一种能力，是先天与后天结合、学习与实践结合的综合能力。从思维三要素中我们看出其关系是：首先，要具备学习的基础，也就是有一定的智力水平；其次，还要拥有一定量的知识与经验；最后，还要懂得如何运用这些知识和经验。这三要素的结合构成我们的思维能力。

那么，什么是创新思维呢？

创新思维是指发明或发现一种新方式用以处理某件事情或表达某种事物的思维过程，亦称为创造性思维。它是一个相对概念，是相对于常规思维而言的。

例1

救护车

观察下图中的两辆救护车。你一定注意到了其中的区别，左图中"急救"两个字是正着的，常规思维下我们也不觉得有问题。右图中的"救護車"三个字是反着的。试问，哪辆救护车更有利于前面的车给让路呢？

很显然，右图中救护车的做法效果更好一些。相对于左图的常规做法，我们说右图的是创新思维。

所以，在这里想强调一个概念：**学习创新思维后，要思考如何能在不增加成本的前提下更好地满足客户需要以及取得更好的效果、提供更大的价值！**

如前所述，一个人的能力高低主要是思维能力在起作用。同样，构成创新能力的核心也是创新性思维能力。大家是否还能回忆起来创新的过程分为哪两步？是的，分为想和做。这里的想实际上就是特指创新思维过程，而做则是指怎样把思维转化为行动和结果。大家都知道，要有好的结果，首先是想法要正确，正确的思想才能产生正确的结果，因此，创新能力的核心也是创新思维能力。

再看一下创新思维的定义：**"创新思维就是指发明或发现一种新方式用以处理某件事情或表达某种事物的思维过程"**。怎么来深入理解这个含义呢？

其实，创新思维是在现有材料的基础上，进行想象、推理、再创造，解决一般常规思维不能解决的问题。

换句话说，创新思维是在常规思维的基础上发展起来的，但它是思维活动中最积极、最有价值的形式，是思维的高级形式，是人类探索事物本质，获得新知识、新能力的有效手段。德国物理学家普朗克说："思考可以构成一座桥，让我们通向新知识。"他这里的思考，特指的是创新思维。

因此，前面定义中说创新思维是相对概念，实际上就是指相对于常规思维而言。但它和常规思维可不是对立关系，而是一种连带关系，或者说是一种递进关系。

例 2

一切以病人为中心？

常规思维下，医院的指导思想就是"一切以病人为中心"，这似乎顺理合规，没什么问题。医院不围着病人转围着谁转呢？

但是大家都知道，在全体社会成员中，只有20%的人群被称为病人，其余都是健康及亚健康人群。转变思维方式，创新思维一下："一切以健康为中心"！

当我们这样考虑问题后，就会发现眼界更宽阔了，市场空间更大了，我们可以开拓更多新业务，为社会提供更多服务了。

例 3

全身雨伞

普通雨伞使用很方便，但是一旦雨下得比较大，它的缺点也很明显，雨水会把衣服淋湿很多。

于是，有人发明出了全身雨伞，有效解决了这个问题，如右图所示。

2.1.2 创新思维的特点

为了更加便于理解创新思维的特点，我们还是与常规思维对比着进行说明。

先看常规思维。常规思维之所以冠以常规二字，是因为它的主要特点是：**习惯性、单向性和逻辑性**。

我们先来看看习惯性。习惯性是一种思维定势，一提到思维定势，很多人往往认为它是思维障碍，这是片面的。事实上，绝大多数人的行为90%以上都是依赖于思维定势思考的结果。换句话说，这种思维的习惯性既可能成为我们良好的"助手"，帮我们养成正确的行为，也可能成为我们最坏的"敌人"，把我们的思维拖入特定的陷阱。

例 4

红绿灯规则

有一个普及到全世界并使人们养成了习惯的规则，那就是"红灯停，绿灯行"。以至于时间长了大家形成习惯心理之后，不论是在哪里，哪怕不是在路上，只要我们看到红色的信号灯，都会自然而然地产生"停止"的行为反应。类似这样的思维定势对于规范个体的行为，形成良好的秩序是非常必要的，也是要大力提倡的。

元宵

只要一提到元宵，很多人头脑中不由自主就会出现乒乓球大小的、圆的、甜的、白色的这样的形象，这样的概念就是习惯性的思维。类似这样的习惯性思维虽然表面上看并没有什么坏处，但实际上已经形成了对思维的限制。

其实，只要我们对元宵的任意一个元素改变一下，哪怕只是改变尺寸，也就是把大小变一变，这就是创新思维。

接下来我们再看看思维的单向性。

是否会陷入马嘉鱼思维？

大家都知道，屋外漂亮的蝴蝶可以很容易地从敞开的窗户飞进屋里，但它却无法顺利地飞出去。在屋中时，它会惊慌失措地一圈又一圈飞舞，左撞右冲地努力，却始终不能飞出房间。到底是什么阻止了它？

原来，蝴蝶有个特点，只要进入建筑物中，它总是往房间的高处飞，大概以为出口都在最高处。其实低一点点就是窗口。蝴蝶被困的原因正是它这样的单向思维——它总不肯往低处飞，宁肯耗尽力气后跌落在地板上。

跟蝴蝶相比，成群结队的马嘉鱼更为固执，简直就是一条道走到黑，撞了南墙也不回头。马嘉鱼很好看，它们平时生活在深海里，但在春夏之交的产卵期会随着海潮来到浅海。

渔民捕捉马嘉鱼的方法很简单：用下端系着铁坠的竹帘拦截鱼群，竹帘上有许多粗松的孔。马嘉鱼的"个性"很强，不肯转弯，更不肯后退，一直向前，向前，即使闯入天罗地网中也不停止，于是一只只马嘉鱼"前赴后继"地陷入竹帘孔中，帘孔越收越紧，而马嘉鱼却还是拼命地往前冲，结果都被牢牢地卡住。

反思一下，我们是否有时候也会陷入这种"马嘉鱼思维"呢？

单向性思维就是我们常说的"一条道走到黑""一棵树上吊死"，特指思维比较僵硬化，不够灵活。

逻辑性也是常规思维的一个显著特点。逻辑思维是一种基本的、很重要的思维方式，所有创新的想法和火花最后都要通过逻辑思维成为一种可以准确表达的、可执行的东西。一般认为，语言是逻辑思维的载体。另外，逻辑思维是个统称，还分为很多具体的思维方式。有关详细一些的内容我们在思维方式的小标题下阐述。

我们了解了常规思维的特点之后，再来了解创新思维的特点就很容易了。创新思维也有三个主要特点，那就是：**多向性、非定势性和非逻辑性**。

例 7

鞋可以吃吗？

有一次，大家一起做设计新式鞋的练习，让我们看看大家是怎么想的。

打破常规思维，体现创新思维的三个特点后，我们得出以下设想：

（1）鞋可以吃；

（2）鞋可以说话；

（3）鞋可以扫地；

（4）鞋可以指示方向；

（5）鞋一磨就破。

鞋怎么可以吃呢？简直荒唐，完全不合逻辑嘛！

不过请记住，千万不要轻易否定任何创新的设想！

（1）鞋可以吃。难道非用嘴吃吗？可以用脚"吃"呀，在鞋内加些药物，通过脚的吸收，治疗高血压、关节炎、胃病等。可设计多种"医疗鞋"。

（2）鞋会说话。完全可以做到，设计一种穿鞋时能播放声音的鞋，小孩子一定喜欢它。

（3）鞋可以扫地。设计一种带静电的鞋，可以走到哪里就把哪里的灰尘吸走。现在已经有了可以清洁地板的拖鞋。

（4）鞋可以指示方向。在鞋上装上指南针，随意调到所选择的方向，方向一旦偏离，鞋就会自动发出警报。

（5）鞋一磨就破。设计一次性鞋，价格便宜，穿一星期就可以扔，可经常更换鞋的样式和颜色。

多向性表现在遇到问题时不是一味地进行单方向探索，而是从多角度、多渠道、多因素方面去考虑问题。

非定势性则表现了思维的开放性。比如，元宵除了可以是乒乓球大小之外，还可以是弹球大小的；除了是白色的之外，还可以是彩色的。

非逻辑性则是创新思维和常规思维的重要区别。但凡创新思维都是多多少少不符合一般逻辑的，都是超出常人思想的，大多可能会不被主流思维所接受。纵观历史，不论是政治上的（各种变法、新政等）还是科学上的（各种学说、观点等），大都是很多年后才被普遍接受，才被证明其先进性和合理性的。

2.1.3　精彩案例　扔掉手机的 5G 时代与莫泊桑的《项链》

"噢！……可怜的玛蒂尔德，你真变了样子！……"

"对呀，我过了许多很艰苦的日子，自从我上一次见过你以后；并且种种苦楚都是为了你！……"

"为了我……这是怎样一回事？"

"从前，你不是借了一串钻石项链给我去参加晚会用嘛，现在，你可还记得？"

"记得，怎么样呢？"

"我弄丢了那串项链。"

"哪儿的话，你早已还给我了呀。"

"我从前还给你的是另外一串完全相同的项链。我们花了十年时间才偿还清它的代价。像我们这样的人，你明白这件事是不容易的……现在算是还清了账，我很为满意了。"

佛来斯杰太太停住了脚步：

"你可是说从前买了一串真的钻石项链来赔偿我的那一串？"

"对呀，你从前没有看出来是吗？那两串项链是完全相同的。"

说完，她用一副自负而又天真的快乐神气微笑着。

佛来斯杰太太听完很受感动，抓住了她的两只手说：

"唉！可怜的玛蒂尔德，我借给你的那串项链是假的，顶多值得五百金法郎！……"

我想无论何时再看这篇小说，我们都会为文中诚实的人性以及命运的捉弄所感慨，即欣慰又心酸。

我们熟知的金庸金大侠的作品，如《射雕英雄传》《神雕侠侣》《倚天屠龙记》已被翻拍成电影及电视剧数次。而另一部世界文学宝库中的佳作《简爱》也被拍成电影或电视剧多次。

想必此时你已经看出了问题：为什么受欢迎的长篇小说翻拍了一次又一次，而瑰宝级的短篇小说却从来没有看到过影视作品呢？世界文学宝库中有太多的优秀短篇小说了。

之所以出现这种情况，最主要的原因是人们无形中受到了电影片长 90~120 分钟、电视剧每集 40 分钟的限制，几乎成了多年的播放定势。

伴随 5G、区块链、大数据、粉丝经济的到来，影视、文学、音乐等内容产业该如何发展？

由于数据成百倍级的增长，所以会带动智能家电的迅速普及，随时随地都能播放音乐，显示屏处处可见，人们不再单独依赖手机显示屏了，如此一来，人们的需求也会发生变化，或许不仅仅喜欢观看 90~180 分钟的电影，而且还希望观看制作精良、不逊于大片的短电影、小视频等。

打破这一定势思维的人是好莱坞大亨杰弗里·卡森伯格（Jeffrey Katzen-berg）。

他创建的短视频流媒体服务平台 NewTV 已成功完成新一轮融资，融资规模达到 10 亿美元。NewTV 主要拍摄 5~15 分钟的小电影，制作相当精良。

5G 时代的到来将对各行各业都带来冲击，唯有打破原有的思维方式，从新的角度采取对策，才可以立于不败之地。

2.1.4　创新思维的产生条件——问题意识

例 8

螃蟹壳是软的

如果有人问螃蟹壳是硬的还是软的，估计绝大部分人都会说当然是硬的。人们对螃蟹壳是硬的已经形成了固有的概念。

如果你遇到了软壳蟹，除了惊异之外，你还会做什么？你会打破砂锅问到底吗？

在美国，有一种食物叫作"炸软壳蟹"，是将蟹壳柔软的螃蟹油炸后直接食用的一种食物。

螃蟹壳怎么是软的呢？

许许多多的人吃过了、惊异了也就过去了，但有一个日本人却一定要问个为什么，他想知道美国螃蟹的蟹壳为什么是软的？店里的人告诉他："其实所有的螃蟹壳都是硬的，但所有的螃蟹在蜕皮后刚刚长出新蟹壳的时候都是软的。"也就是说实际上没有什么软壳蟹。

这个人叫川上源一，他是雅马哈的第四任总裁。

川上源一回到日本后，马上去走访渔民，没想到他们告诉他："那种软壳蟹根本卖不出去，都扔了。"他一听立刻就下了订单："我全买了！"于是，雅马哈旗下的鸟羽国际酒店的菜单上就多了一道菜"炸软壳蟹"。

当然，雅马哈的餐饮并不是最知名的，它的所有业务当中，占比重最大的依然是乐器。大家知道，雅马哈最早是生产风琴的，后来转向了钢琴。可以说，相对于欧美等老牌的钢琴生产国来说，它生产钢琴的时间并不是很长，但雅马哈钢琴已经达到世界一流水平。2018 年，世界权威钢琴质量排名中，我们看到雅马哈不仅出现在较佳消费型用琴中，而且在高质量演奏用琴组中也榜上有名。

不得不说，正是川上源一持续不断地"提出问题"造就了雅马哈今天的成功。

"使用什么样的材质可以使钢琴的音质更好？"最初做钢琴的时候，川上就问制造钢琴的负责人。

对于专家的回答一般人都不会再去怀疑，但川上可不是这样的！他继续不停地问下去"你说的那种材质真的是最好的？"

"欧洲和南洋的木材哪种更适合做钢琴？"

"这些材料到底干燥几天比较好呢？"

………

直到把负责人问得说"我不知道"，于是他下令："那就去试吧！"

他们把音板、弦、不同的木材、不同的干燥时间等因素进行组合试验，一次次的改变，他们获得了几十万个数据！之后，从中寻找最佳组合—这就是雅马哈制造钢琴的方法。

这种方法的效果很快就超越了传统的依靠技术人员的经验和感觉制造钢琴的方法，而使雅马哈迅速成为世界一线品牌。

可以看出，成功的创新者与普通人的一个重要区别就是他们善于看到问题，发现问题，同时善于进行深度询问，从而有效地解决问题。

有一句话说得好：事业的萌芽都源自于一个问题！

培养创新思维有以下4个条件：

● 寻找问题，不要等待问题；

● 突破思维框框；

● 要培养勤于用脑及随机应变的灵活性；

● 善于积累信息，有适时调用信息的本领。

这几个条件都很重要，接下来我们展开来谈一谈。由于创新精神已在第一章中有所提及，故这里不再表述。

1. 寻找问题，不要等待问题

除了创新精神外，问题意识也是创造者非常重要的一个特征。可以说，任何创新都是基于问题意识的！善于发现问题，寻找问题是创新者的重要能力。

例 9

爱因斯坦的问题

空间是什么？时间是什么？这似乎是人人皆知的极为普通的概念，在经典力学中，牛顿早已做了明确说明，可是大物理学家爱因斯坦却寓意深邃地声称："空间、时间是什么，别人很小的时候就已经搞清楚了，我智力发育迟，长大后还没有搞清楚，于是一直揣摩这个问题，结果也就比别人钻研得深入一些。"

正是因为爱因斯坦思索了一般人看起来没有问题的"问题"，才促使他创立了"相对论"学说的时空观。难怪有人说：准确地发现和提出问题就等于问题解决了一半。

另外，培养我们善于发现问题的意识还需要克服人与生俱有的虚荣心理。很多时候，我们不是看不到问题，而是不好意思去"深究"问题，我们会下意识地想："这么简单的问题如果我要是问出来，会不会被人认为没有知识，让人笑话呢？"或者还有一些人自认为自己学历很高，懂的知识很多，便不肯屈尊下问，以至于错过了许多创新的时机。

需要强调的是：**这里的问题意识更多的是指"主动发现问题"的意识**。追踪那些成功的人士，他们都具备良好的问题意识，能够发现常人看不到的问题，并且大都善于"主动发现问题"，也就是能够"寻找问题，而不是等待问题"！

例 10

海尔的问题意识

海尔集团诞生于 1984 年，截至 2019 年，海尔在全球设有 29 个制造基地、

8个综合研发中心、19个海外贸易公司，产品涵盖冰箱冷柜、洗衣机、热水器、空调、电视、厨电、智慧家电和定制产品八大品类。三十余年的成长路上，海尔洞察家庭生活的需求变化，不断将海尔品牌打造成代表时代进步的同龄品牌。

如今，海尔探索深挖智慧家电领域，以"海尔智慧家庭，定制美好生活"为口号，将人工智能、物联网等智慧科技融入家电产品中，重新定义智慧家庭。

海尔的发展离不开总裁张瑞敏。某种意义上，海尔的成功一定意义上归于张瑞敏的问题意识和如履薄冰、颠覆式创新的经营理念，并且他成功地将个人的"问题意识"变为了全员的"问题意识"，要求每个员工每天对自己做的每件事都进行控制和管理，要"日事日毕，日清日高"，而不能拖延和储藏当天的矛盾和问题。下面看一个曾经的经典案例。

海尔的"小小神童及时洗"洗衣机。张瑞敏认为，有淡季就是有问题，也就有市场。遵照张瑞敏消灭淡季的思想原则，海尔洗衣机厂对洗衣机的市场进行了深入的研究。

他们发现：洗衣机厂存在着明显的淡旺季。洗衣机的淡季在每年的8~9月份，夏季最热时就是洗衣机销售的最淡季。过去厂家在这个季节就把销售人员撤回，等待旺季的到来。但海尔人通过分析发现，夏天人们并不是不需要洗衣机，恰恰是最需要，因为这时候人们洗衣服洗得最勤。但一般洗衣机容量太大，对于要经常洗小件衣服的人来说就不太适用。这难道不是问题吗？应该说是很大的问题！

根据这种情况，海尔人开发出了容量为1.5千克的"小小神童"洗衣机，既满足了消费者夏天洗衣的需求，也消除了洗衣机销售的淡季，产品畅销国内外。

另外，海尔还研制了不用洗衣粉的"小小神童"，是海尔综合了不用洗衣粉的"环保双动力"和"小小神童"两大极具市场竞争力的王牌产品的特点后创新推出的。不用洗衣粉就可以轻松洗净衣物,"洗净比"比普通用洗衣粉的洗衣机还提高25％,对各种病菌杀灭率达99.99％,更适合内衣洗涤和夏天衣物洗涤,而且,其外观设计更是独具匠心,操作更加简单、人性化。

但是,这类成功的企业毕竟太少。究其原因,"问题意识"淡化应该是很重要的原因之一。**"企业最可怕的不是差距(问题),而是不知道差距(问题)在哪里。"**而看不到差距的原因,显然是企业缺少一种"问题意识"的氛围。

2. 突破思维框框

例 11

一段经典对白

乌龟:是的,看着这棵树,我不能让树为我开花,也不能让它提前结果。

师傅:但有些事情我们可以控制。我可以控制果实何时坠落,还可以控制在何处播种,那可不是幻觉,大师。

乌龟:是啊,不过无论你做了什么,那个种子还是会长成桃树。你可能想要苹果或桔子,可你只能得到桃子,那个种子还是会长成桃树。

师傅:可桃子不能打败太郎。

乌龟:也许它可以的,如果你愿意引导它、滋养它、相信它。

以上的对话出自曾风靡一时的《功夫熊猫》这部大片。我很喜欢片子中的那句话:"你的思想就如同水,我的朋友,当水波摇曳时,很难看清,不过当它平静下来,答案就清澈见底了。"大家还能记忆犹新的是,在《功夫熊猫》影片热映的时候,许多人都感叹,为什么美国人能搞出这样的片子而我们就不能呢?

究其原因，不是别的，而是我们的思维被无形的"框框"框住了。功夫和熊猫都是我国国宝级的东西，但是在国人的思想中，这两件东西是风马牛不相及的，甚至是两极的代表。功夫是很"硬"、很"刚"的典型，而熊猫则是很"软"、很"弱"的象征，这两者之间怎么可能联系在一起呢？但美国人没有这样的"框框"，在他们看来，功夫是中国的，熊猫也是中国的，都很厉害，放在一起就更厉害了！

通过这个例子，您有没有体会到那种阻碍创新的思维框框？

3. 要培养勤于用脑及随机应变的灵活性

思维的灵活性又称为思维的变通性，特指那种随机应变，举一反三、触类旁通的思考能力。

思维具有灵活性的人，不易受思维定势和事物现状的束缚，常常能提出不同凡响的新思路。这样的人善于组织多方面的信息，善于灵活运用已经拥有的知识和证据，并能根据事物变化的具体情况，及时地调整自己的思想和看法，从而提出各种不同的观点、假设、方法或方案。

例 12

书法变通

于右任先生书法出众，大家经常向他索字，结果影响了他的工作，于先生便不肯为人写字。他的一个老友多次苦求，于先生实难拒绝，就为他写了"不可随处小便"6字，认为老友也无法将这几个字挂起来。数日后，老友把裱好的字拿来给于先生看，已经变成"小处不可随便"这样一句格言，于先生很佩服老友的变通思维。

思维灵活性的表现之一是思维活动经常处在"见异思迁"的状态，也就是不拘泥、不守旧，但又遵守自己稳定发展的认识系统。而另一个表现是思维的流畅性，也就是对问题的刺激连续做出反应的能力。

4.善于积累信息，有适时调用信息的本领

要做到这点，一是一定要十分重视信息。一个好的创新者一定是一个非常重视收集信息的人。这不仅仅是因为有价值的创意必定要以信息作为基础，而且还因为了解信息才能了解你的创新领域的进展情况，并做出相应的决定。

例 13

保罗·艾伦与8008

大家都知道，是保罗·艾伦与比尔·盖茨一起创立了改变人类生活方式的微软。

1972年夏天，保罗·艾伦告诉比尔·盖茨有一家新成立的叫英特尔的公司推出一种称为8008的微处理器芯片很有趣。敏锐的比尔·盖茨立刻感知到这个信息的重要性。

于是两人毫不犹豫地花了376美元买了一颗芯片，随后他们各自发挥所长，分工合作，艾伦负责利用华盛顿大学的PDP-10小型电脑，编写一个程序模拟8008的功能，比尔·盖茨在这个作为模拟器程序的基础上开发应用程序。不久后他们就做出来一种用来计算汽车流量的机器，并为此还成立了一家交通数据公司，四处寻找业务。

1974年冬天，保罗·艾伦走到哈佛大学书报亭的时候，突然停住了脚步，他被一本《大众电子》杂志吸引住了。原来这期杂志的封面上刊载了一台计算机的照片，它只有电烤箱那么大。这就是世界上第一台微型计算机。

敏锐的艾伦赶紧买下了这本杂志，仔细地读了起来。这正是使用8008微处理器的计算机，叫阿尔塔，是艾德·罗伯茨开发的产品。可能因为没有软件，这台计算机还不能运行。

艾伦马不停蹄地找到比尔·盖茨，把这件事说给他听，比尔·盖茨预感到他们的机会来了！正是由于之前他们有基于英特尔 8008 开发应用的经历，所以两个人立刻决定打电话给罗伯茨，几经周折之后终于联系上了。

八个星期后，盖茨为阿尔塔写出了 BASIC 语言的程序，这也是世界上第一个为基于 8008 芯片的微处理器编写的程序，为随后微软的诞生奠定了基础。后来，"每张书桌上会有电脑，每个家庭会有电脑"逐渐成为盖茨的希望，而"每台电脑都用微软产品"则成为他的梦想，因为"微软"二字不仅仅是微型计算机和软件的缩写，也是公司的定位。

可见，留意一个信息是多么的重要！

二是关于信息收集的途径。其实得到信息的途径很多，在这里强调一下充分利用互联网以及要养成随时随地收集信息的习惯。好的创新者一定会对信息很敏锐，换句话说，能及时从任何一种环境（互联网上或者现实中）捕捉到对自己有用的信息，因此应尽量及时记录下来。

2.1.5　常用的创新思维方式

以逻辑推理为主的思维创新是最常用的一种方式，它是指有步骤地根据已有的知识及所占有的事实材料，导出新的认识或结论的思维过程。常见的方式有：判断、推理、比较、分类、分析、综合、概括、归纳、演绎、检验、抽象等。

例 14

福尔摩斯探案

………（福尔摩斯说：）

开始，我徒步走向那座房子，先看了大路，路上有马车的痕迹——我询问了一下，夜里确实有马车出现。轮距很窄，这说明是出租马车而不是私人马车，因为伦敦的出租马车比私人马车的轮距都窄。

这是我得到的第一点认识。

然后我沿着花园里的小路向里走，那里的土质地很粘，很适合于检查脚印。

在您眼里那也许不过是些乱七八糟的泥浆，但对于我这双训练有素的眼睛来说，每一道痕迹都有其特定的意义。

在侦探学中最容易被忽视也最为重要的便是跟踪脚印，幸而我对这一点一向十分重视。因为屡试不爽，所以几乎成了我的天性的一部分。

那里有警察们沉重的脚印，夹杂其间的是另外两个人的脚印；而且这两个人是先来的，因为有的地方这两个脚印上叠上去许多别的脚印。

这样我就有了第二个印象，夜里来了此处的是两个人，一个人个子很高（从步距中可以得出这个结论），而另外一个穿得很时髦（从其鞋底精致的花纹可得出此结论）。

进了屋，刚才的推理便得到了部分印证，那个穿着精致皮靴的人就躺在地上。如果凶杀成立的话，那个高个子的就是凶手！

……

血迹与他的脚印的方向是一致的；激动时流鼻血的人并不太多，有这种情况的人一般都血旺；这样我就得出了凶手是个健壮的红脸男人的结论——后来的事实证明我的这一结论是正确的。⊖

大家可以从这个短故事中，看到诸如推理、判断、比较等思维方式。

2.1.6 自我训练

空降到一个完全陌生的地方做领导，首先应该做什么？

当然是要先了解陌生人的基本情况，怎么才能最快速度地了解这群人呢？

⊖ 摘自（英）柯南道尔的成名作《血字的研究》。——北京燕山出版社《福尔摩斯探案集》。

用分类的方法就非常合适。比如，可以区分开性别——男士多少，女士多少。请思考，还能以什么因素进行分类呢？

下面再来看看创新思维的方式有哪些。

创新思维的常用方式还有：求异思维、想象思维、联想思维、扩散与集中思维、直觉和灵感思维等。

上述所列出的思维方式会在本章中详细展开介绍，并进行思维训练。

2.2 难道只能这样吗——求异思维

例 15

"隐藏"苏伊士运河

这是第二次世界大战时期的一个真实故事。

著名的苏伊士运河是世界上最长的海运河，长约 173 公里，宽 135 米，是连接地中海和红海的要道。

1941 年年初，由于英国远征军的参战，德军在北非战场上陷入了被动局面。为此北非远征军司令、素有"沙漠之狐"称号的隆美尔决定派出海军、空军部队对英国最主要的补给线苏伊士运河进行地面及空中打击。

这一致命的招数无疑卡住了英军的咽喉。尤其是到了夜间，由于没有先进的雷达和夜视器材，英军对于德军频频实施的夜间轰炸显得束手无策。

空袭的阴影笼罩着英军北非战区统帅部的每一个人。不知是谁无奈之下说了一句话："要是能在晚上将苏伊士运河藏起来就好了。"没想到就是这样一句看似痴人说梦的话，居然最终确定为一个作战方案——"隐藏"苏伊士运河方案。

更没有想到的是这一事关北非战局胜败的艰巨任务居然戏剧般地落在了一个魔术师的头上，他就是英国最著名的魔术师贾斯帕·马斯克林，如右图所示。

在得到首相丘吉尔的批示后，马斯克林被授予英军中尉军衔，并着手实施"运河隐蔽方案"。然而真正动手干的时候，马斯克林却感到了力不从心。他设计了一个又一个迷惑敌人的假象，制定了一个又一个"隐藏"苏伊士运河的方案，然而都不奏效。

试想，对于一条一百多公里的大河，若采用常规方法"隐藏"，再高明的伪装专家也难以将它隐藏得不露丝毫破绽。

就在马斯克林灰心丧气、准备放弃时，他想到了另一个方法："与其'隐藏'苏伊士运河，还不如让德国投弹手的眼睛看不到运河，不是更好吗？"这就是魔术中的障眼法。

马斯克林进一步断定，如果在运河沿岸安装足够多的探照灯，就会形成强烈的光屏障碍，德国人要想透过它瞄准苏伊士运河是不可能的。于是，他立即着手进行实验。

10 月 5 日那晚，当德军第 5 联队的飞机进入苏伊士运河上空时，马斯克林一声令下，顿时，"特种探照灯"一齐打开。德军飞行员被突如其来的白光照射得无法睁开眼睛。德军轰炸机试图穿过这个炫目的光屏，但均以失败告终。

连续几天的轰炸都是这样的结局。返航后的飞行员在接受上级的质询时说："苏伊士运河完全被隐蔽起来了。"这一荒唐的回答把德军指挥官也搞蒙了——难道是阿拉伯神话里的阿拉丁神灯在庇护苏伊士运河？

马斯克林的成功就在于及时调整思路。他原先采取的种种方法都是消极防御，被动挨炸，只有在天空设一道屏障，将纳粹空军挡在苏伊士运河上空之外，才是上策。

当我们跳出常规的思维方式，重新从另外的角度来考虑问题时，成功就在眼前。在这场保卫苏伊士运河的"战役"中，马斯克林运用了**求异思维**。

求异思维是创新思维的一种首要形式。

为什么这样说呢？我们来分析一下：创新思维最主要的是要表现在"新"上，不论是新技术、新产品、新方法、新理论、新思想等，都要强调"新"。

但"新"的前提是什么呢？"新"的前提或者说必要条件是"异"！如果不能"立异"也就无所谓"标新"了。所有的创新首先要"求异"，异于旧的形式，异于旧的内容，异于旧的功能，异于旧的结构，异于旧的特性……因而，求异才能创新，要标新必然先立异。换句话说，"求异"是一切创新思维的共同特征。

2.2.1　什么是求异思维

求异思维就是突破常规思维只从单方向、正面思考的习惯，遇到问题善于从异于以往的方面，善于从反面和侧面去思考的一种思维方式。

这种思维方式的形成要求我们一旦遇到常规方法解决不了的问题时，一定要让思考适时地"转弯"，甚至是180度大转弯，这往往可以收到"柳暗花明又一村"的效果。

吸尘器发明的最初想法是：把灰尘吹走，但怎么也做不到。直到转变了思维方式：既然吹走的办法不行，干脆吸进来不就可以了吗？

我们常说：某某脑瓜真死板，一棵树上吊死，其实讲得就是那种不善于"求异"的、典型的常规思维。

我自己在学习、应用和讲授训练创新思维的这些年中，受益于求异思维的时刻真是太多了。我在遇到常规办法不能解决的问题时，就用上求异思维，往往能收到比较好的效果。

求异思维的应用领域非常广泛，不论是科学发现、技术发明，还是企业经营管理、文艺创作，到处都可以追寻到它的踪迹。

当然，我们提倡求异思维，但绝不是提倡"求歧"，如果一味地求异而忽视了创新结果的社会价值，就会走上歧路。

妇幼皆知的司马光砸缸的故事，就是求异思维的典型例子。

例 16

司马光砸缸

有一次，司马光跟小伙伴们在后院里玩耍。院子里有一口大水缸，有个小孩爬到缸沿上玩，一不小心，掉到了缸里。别的孩子一见出事了，吓得边哭边喊。司马光却急中生智，从地上捡起一块大石头，使劲向水缸砸去，"砰"的一声，水缸破了，缸里的水流了出来，被淹在水里的小孩也得救了。

孩子掉进水缸里，按照一般的常规思维，是要赶快把孩子从水缸里拉出来，换句话说，是让人离开水，这样性命才能保住。"人离开水"其实也是我们长期养成的一种固有思维方式。但司马光的头脑中没有那么多定势的东西，"让水离开人"不是也可以同样救人的命吗？

这就是从问题的反面去思考的成功范例。

例 17

法拉第的伟大发现

科学研究中也常常用到求异思维，要善于进行反向思考和侧向思考。

你我今天都生活在一个离不开电的世界。越是这样想，我们就会越发感激一个人，那就是法拉第。

1820年，戴维发现钢和铁被通过电流的铁丝环绕，会变成磁铁。他的徒弟法拉第想：既然电能生磁，那磁也一定能生电。

但是，戴维和法拉第研究了10年都没有找到让磁生电的方法，这中间，法拉第的老师戴维（Humphry Davy, 1778—1829）过世。

法拉第也曾经有过怀疑，但他始终没有放弃，"十年的努力实验，依然没有结果。没有结果，也是成果，因为已经越来越接近真实的答案了"。这是他在备忘录上写的一句话。

1831年8月，法拉第做了一个新的装置。他在一个直径为6英寸的铁环的半边，用铜丝绕成线圈，接上电流计；在铁环的另一半也绕了一组线圈，然后接到电源上。

"合闸！"法拉第亲眼看到电流表的指针摆动了。可是，他再定睛一看，电流表的指针又指向了零，这是为什么呢？法拉第决定断开电源再重新做一下实验，谁知，在断开电源时，指针又摆动了，但是这一次的方向与上次相反。法拉第总想让第二个线圈产生持续的电流，可是实验的结果总是只有合闸和断电的一瞬间才能"感生"出电流来。

法拉第不但善于实验，更善于思考。他想，这种现象说明什么呢？只能说明使电流"感生"出来的应该是一个运动着的磁场！因此，当他把一块条形磁铁插进空心线圈时，电流计上的指针摆动了，磁终于产生电了！

电磁感应现象的发现奠定了日后电工业发展的基础！

法拉第（Michael Faraday, 1791—1867）是伟大的物理学家、化学家、教育学家……被誉为"电机工程学之父"。法拉第的一生发明了发电机与电动机、彩绘玻璃的重制、替矿坑研制安全的煤气灯、分馏石油，发表了450篇研究报告……为人类增加了无限资财。

2.2.2 [精彩案例] 新电商的崛起 ——拼多多

2019 年春节，远在乡下的一位表妹，一边跟我们说着话，一边还时不时玩着手机。她 45 岁了，是拼多多的忠实用户。

2019 年春节前，极光大数据发布《2018 年电商行业研究报告》。报告中显示，拼多多的用户占比已经达到了 33.2%，仅次于淘宝的 41.8%，并成功地超过了天猫、京东、苏宁。2019 年春节后，据中证网报道，MSCI 新纳入 17 家公司，拼多多、腾讯音乐、小米在列。

拼多多的创始人黄峥于 2002 年留学美国；2004 年进入谷歌；2006 年受命与李开复回国建立谷歌中国办公室；2007 年先后创办手机电商、电商代运营、游戏公司，是一位较成熟的连续创业者。仅仅三年多时间，拼多多就以傲人的成绩崛起，让人刮目相看。

以淘宝、京东为代表的电商平台已经运营得非常成熟，要从这些巨头手里抢夺市场份额不太容易，新电商需另辟蹊径。那么，拼多多的创新从哪里开始呢？

首先，2013—2014 年，智能手机普及，从城市到乡村，移动互联网激增，其中使用智能手机的人群中有 90% 都使用微信。据腾讯报道，当时每月微信的活跃用户达到了 5.49 亿，以化妆品为代表的微商做得如火如荼。

其次，2015 年 6 月，淘宝清理了 24 万低端商家，京东也在同年 7 月放弃了面向低端用户的产品拍拍。数十万低端供应商无处可归，其中不乏许多低端优质商家。与此同时，三、四、五线城市及广大农村的消费者不仅对电商这种方式逐渐接受，而且也有消费升级的需求。

再次，根据长尾理论，对于商家来说，最赚钱的并不是服务那些身处头部地位的"高净值"消费者，而是那些占人口总规模比例极大的、相对普通的、收入水平一般的、能够带来巨大流量的人群。

基于以上背景，2015 年 9 月，拼多多及时上线了。

为什么说拼多多是新电商，新在哪里？

新在拼多多致力于将娱乐社交的元素融入电商运营中，通过"社交＋电商"的模式，让更多的用户带着乐趣分享实惠，享受全新的共享式购物体验。

例如，多多果园、种树浇水、领取免费水果，还有花样繁多的限时秒杀、品牌清仓、天天领现金、砍价免费拿等。用户即使不想买任何东西，但是打开拼多多依然可以干一点事，如现金签到。

另外，在拼多多网购的过程中，拼着买的形式很新颖，同时也为那些小众品牌省下了广告费，而小众品牌也为大家的网购提供了一定的优惠。小众品牌和拼多多的用户各取所需，这大概就是拼多多的魅力所在。

2.2.3 一个有效的求异思维训练公式

怎样才能提升我们的创新思维能力呢？

下面就介绍一个简单易学的求异思维训练公式，即：

难道只能这样吗？还能作哪些改变？

这个看起来不像是普通公式的样式，可以看作是训练创新思维的一个基础问句。

需要说明的是，既然是基础问句，那就是通用版。换句话说，在不同的场景应用时需要对公式进行变形，具体怎样变形我们结合案例来谈。

例 18

德国造纸厂的事故

德国有家造纸厂，生产纸的过程中出了一点事故——忘了加糨糊，造出的纸因此太渗水不能用，按照规定只能报废。厂长非常恼火。

就在大家都纷纷表示惋惜的时候，有名员工心想，难道只能这样眼睁睁看着这些纸报废吗？能否想个办法把这批废品利用起来呢？（这句话就是公式的变形，把"难道只能这样吗？还能作哪些改变？"变形为"难道只能这样眼睁睁看着报废吗？能否想个办法把这批废品利用起来呢？"）

该员工反复考虑，并结合这种纸的特点，提出干脆将这种很容易渗水的纸改名为吸水纸，也就是改变纸的用途。结果，这家企业又生产出了一种新产品，而且销路很好。

例 19

某 IT 公司考勤制度创新

前几年，某 IT 公司学习了创新的课程后，对照本企业的工作开始应用。本着"难道只能这样吗？还能作哪些改变？"的原则，他们很快就发现了"问题"：考勤制度存在问题，不完全符合人本管理的思想！

原来，这家公司的考勤制度和其他公司一样，迟到了要被处罚，迟到一次罚一次钱，如果一个月累积迟到多次的话，当月的奖金就会受到严重影响。

该公司所在城市的交通较糟糕，塞车很严重，常常会出现预想不到的堵塞，从而造成被动性迟到。

结合实际状况，公司做出了一个创新举措，即：允许每人每个月迟到三次，这三次不受任何处罚，第四次开始才有处罚。

没想到，这样人性化的管理制度出台后，受到了许多 80 后员工的热烈赞赏，非但没有出现大量的迟到现象，反而促进了公司凝聚力和员工积极性的提升。实乃一个小创新带来大改变。

建议大家，对所有的问题都可以问一句：难道只能这样吗？还能作哪些改变？

这个公式简单有效，能在许多常规思维解决不了问题的时候发挥大作用。

例 20

不种西瓜，种冬瓜

下面看一个普通人的例子。

某郊区的一位农民参加了种西瓜培训班，学习后第一年他也跟大家一样去种西瓜，很快，市场上的西瓜就多了起来，以至于西瓜的价格不但上不去，反而低得和冬瓜的价格差不多。

看到这种情况，他想：难道我学了种西瓜的办法就只能种西瓜，不能把学的办法用到种冬瓜上吗？冬瓜和西瓜的价格差不多呀。

第二年，当其他人还是无奈地去种西瓜的时候，他改种了冬瓜。

结果，他成了当年的冬瓜大王。许多单位的食堂将冬瓜作为冬储菜，一下就抢光了他的冬瓜。

上面的案例中，把"难道只能这样吗？还能作哪些改变？"变形为"难道我学了种西瓜的办法就只能种西瓜，不能把学的办法用到种冬瓜上吗？"

值得一提的是，**这种思维方式要求我们时时处处要具备"批判的眼光"！**尤其是对于熟悉的事物，更要有意地把它看成是"陌生"的，然后再用非同寻常的思路加以思考。

创新本来就是一种改变。

2.2.4　求异思维公式的应用步骤

第一步：确定目标。

第二步：穷尽所有实现目标的途径（这步当中要用到求异思维公式）。

第三步：筛选，并完善具体方案。

第四步：实施。

下面我们以企业参加展会为题来详细说明这个公式怎么用。

第一步，确定目标。我们不禁要问，企业参加展会的目标是什么呢？

分析之后，我们认为目标有两个：一个是将产品信息、企业信息最大程度并且最广泛地传递给参会者；另一个就是拿到订单。

进一步分析发现，这两个目标中最重要的是第一个，第一个如果实现得很好，且产品本身也很好，那么第二个目标也会顺理成章地实现。所以，把第一个目标作为创新的主要目标。

第二步，穷尽所有实现目标的途径。这一步最关键。先思考，要实现把信息有效地传递给参会者，我们首先要了解他们是通过哪些渠道接受信息的。

需要强调的是：这一步就要考验科学知识的积累了。**需要注意的是：任何的创新都不是违背科学的！创新思维只是从另外的角度思考问题，绝不是违背科学！**

我们知道，人的各个感官都能接受信息，信息来自视觉、听觉、味觉、嗅觉和触觉。了解了这个之后，接着分析，企业参加展会通常会选择哪种方法来吸引参会者的注意呢？

一般来说，普遍会选择吸引视觉的方式，采用各种方式夺人眼球。比如在 2018 年 11 月 5 日举办的第一届上海进博会上，镶嵌了 300 克拉钻石、售价3000 万元的高跟鞋和德国生产的一台重达 200 吨、占地 200 平方米的金牛座龙门铣床就非常抢人眼球，吸引了无数参会者。

这个方法是行之有效的。接下来，就要用到求异思维公式了。不过这里对通用问句"难道只能这样吗？还能作哪些改变？"的变形非常重要。在这个案例中就要将其变为"难道只能吸引眼球，不能吸引鼻子、耳朵、嘴巴和手吗？"

如此一来，就可以把以上几种想到的方法写下来。所谓"穷尽"就是想到实在想不出来了为止。

做好这一步有一个关键点，那就是"先不管可行性"！只管提方案，只管穷尽。

第三步，筛选，并完善具体方案。这一步也很重要。怎样在前面多个可行或不可行的方案中找到哪个效果最好呢？

筛选时要按照以下步骤：

（1）首先，去掉违背科学道理的以及技术上完全不可行的。比如，用鼻子闻一下就能感知金牛座龙门铣床，这就违背了科学道理。

（2）其次，去掉虽不违背科学道理，但一想就可以预见到效果不好的。比如，一般的果汁饮料，可采用请大家品尝的方法，但可以预见效果并不好，因为肯接受品尝的人并不多。

（3）再次，可慎重考虑是否要否定以往大家普遍采用的方案。**因为创新就是与众不同！**比如，夺人眼球这个方案一般来说是个基础方案，总是要布置一下展会，总是要有"看过来"这样的一些措施，但是是否能在原有的基础上增加一些特色？

（4）最后，要综合预算等各方面情况决定采用哪个方案。比如，是否在吸引视觉的基础上增加吸引听觉的方案等，并细化方案的内容。

第四步，实施。需要强调的是：实施过程中要想达到与众不同的效果，依然还要频频用到这个公式，每一步都要问一下，难道只能这么做吗？还能作哪些改变？不断地提问，可以促使我们打开思维，迸发出创新的火花。

这个公式并不难，但关键是要通过对这个公式的练习而形成一种崭新的思维习惯，以至于遇到问题时能用"异"样的眼光来看待。

训练伊始，可以从身边的工作、生活开始，或者看到什么事物都可以想一想：难道只能这样吗？还能作哪些改变？

记得我刚刚接受创新思维训练的时候，就采用了看到什么就拿什么提问，遇到什么问题就拿什么问题说事儿的办法，每天都要作练习，同时也作记录，先不管问过之后的"新"想法是否有价值，先让思维形成一种习惯，我认为这一点很重要！

等这个公式运用熟练之后，就可以针对特定的问题进行特定的思考了。比如，有位业务人员在最初掌握了这个公式后，就开始用于自己的销售工作，一旦遇到比较棘手的客户，他都会用这个公式问自己：难道只能这样吗？还能作哪些改变？每次他都能想出好的办法，赢得客户的信任并取得订单。

2.2.5 自我训练

位于上海九江路的中国建设银行是国内第一家无人银行，于2018年开业。

银行里找不到一个保安，取而代之的是人脸识别的闸门和敏锐的摄像头（如右图所示）；找不到一个大堂经理，取而代之的是会微笑说话，对你嘘寒问暖的机器人；更找不到一个柜员，取而代之的是更高效率，懂你所需的智能柜员机。

在这家银行能办理90%以上现金及非现金业务，其余业务还可以用远程方式一对一来解决。这个无人银行还是一个拥有5万册书的"图书馆"。手机一扫，就能把书保存带走。此外，这里还是一个实现了AR、VR多项技术的"游戏厅"，坐下来就能把建行建融家园中所有租赁的房子看一遍。同时，这里还是一个"小超市"，办理相关金融业务后，可在智能售货机上领取免费饮品，机器人自动拍照留念。

难怪人们要惊呼：银行巨变，从未像今天这般猛烈。不仅网点没有了人工服务，就连网点的职能都在发生天翻地覆的变化！

这个时代很美好也很残酷，你若不能创造价值，就没有存在价值了。

接下来，请你用求异思维公式进行设问，设问内容自己决定。比如，无人银行除了以上功能和设置外，还能提供哪些服务？请将你的思考写在下面。

同时，请你结合《行动手册》进行练习！

2.3 海阔天空与九九归——扩散思维和集中思维

2.3.1 什么是扩散思维

扩散思维是指思维从一点出发，向四面八方扩散。其本质是对同一问题从不同角度、不同层次、不同方向进行探索，从而诞生新思路、新发现、新的解决方案的过程。也称为发散思维，如右图所示。

这种思维方式是由美国心理学家吉尔福特 (J.P.Guilford，1897—1987) 在《人类智力的本质》一书中提出的。

咱们先来做个简单的练习：

红色是中国色。想一想除了红灯、红旗等之外，红色还可以用在哪里？做什么？能实现哪些目的？想得越多越好。

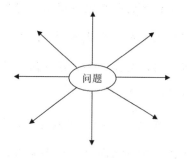

请一定做一下这样的练习！

如果你已经做了这个练习，那么实际上你已经做了这种思维方式的最简单、最基础训练，真是太棒了！

还记得创新思维的三个特点吗？扩散思维体现了创新思维的多向性。

它与常规思维的区别是：平常我们遇到问题，往往是提出一个解决方案，就去分析方案的可行性，如果能行得通，就不再去想其他方案，思维就此搁浅。

扩散思维则要求围绕一个问题，尽可能地多提解决方案，先不管方案是否可行，先求多、求新、求独创、求前所未有，允许"异想天开"和标新立异。

扩散思维既无一定的方向，也无一定的范围，不墨守成规，不拘于传统，**鼓励从已知的领域去探索未知的境界。** 正像吉尔福特说的那样：扩散思维是从所给的信息中产生信息，着重点是从同一来源中产生各种各样众多的输出，并且很可能会产生转移作用。

扩散思维使得思维由单向思考转为多向思考或者立体思考。一定程度上说，人与人的创新能力的差别就体现在扩散思维能力上。

例 21

经典：核桃去壳

我曾经把一个经典的练习案例用到教学中，就是那个著名的核桃去壳的问题。有一次到某地去讲课，恰好当地有一家核桃深加工企业，生产琥珀桃仁罐头，出口日本。但由于核桃在去壳加工的过程中处理得不是十分干净，个别时候留有硬壳的残渣，因而经常遭到日本方面的退货和索赔，厂方为此十分头疼。于是我们就围绕这个问题运用扩散思维来提出解决方案，怎样让核桃在加工过程中能顺利去壳并且没有残渣残留呢？

提示： 请你边看书也同时一起思考这个问题，把想到的方法随手写下来。去除核桃硬壳的方法到底都有哪些呢？你能想到多少种？

有四五种了吧？继续想。先别忙着看答案。

好，现在把当时大家讨论的去壳方法归纳一下：

思路一：大部分人首先想到的是从核桃的外部进行加工，如砸、挤、火烧、滚压、撞击、化学腐蚀等。

思路二：继续想可能就想到了能否从核桃的内部加工，是吗？我记得当时在大家都想不到更好的办法的时候，有个人突然说："这核桃真讨厌，要是核桃长得像草籽一样，长熟了就爆开，壳和仁完全分开，咱们只管拣核桃仁就行了，那该多好啊！"虽然他的话引来哄堂大笑，但这种想法没错，而且引发了靠核桃内部力量来去壳的思路。不过核桃本身并没有这种力量，需要我们给加进去。怎样加呢？

思路三：再继续想，大家就想到了从根本上解决问题，能不能研制核桃新品种，长成薄壳、软壳或者干脆无壳的核桃？或者如上面说的那样，长熟了真的自己爆开，不是更好吗？右图是河北绿岭果业有限公司生产的薄皮核桃，获第十七届发明展银奖。

还有没有思路四、思路五？

例 22

地球流浪了，用电怎么办？

2019 年春节，电影《流浪地球》热映。

看完《流浪地球》，很多爱思考的小伙伴想到一个严肃的问题：一旦地球流浪了，人类都到地下生活了，用电怎么办呢？还有很多小伙伴会想，电影里地下灯火辉煌的情况是不是臆测的啊，哪里会有电啊？

别担心，即使地面上的火电站、水电站、核电站都没有了，人类不幸来到了地下，用电还是妥妥的，供电没有问题！可以在地下建电站。

地下电站种类丰富。

● 核电

2010年，中国工程院院士、秦山核电二期工程总设计师叶奇蓁在讲座中提过，地下核电站并非只是传说，目前是有这么个设想，准备考虑小型的压水堆，因为小型的堆功率不是很大，这些电站可以做成封闭式。

● 地下水电站

位于新疆阿勒泰富蕴县境内、地下136米深处的可可托海水电站，是在大山腹中完全由人工建成，并且早在1967年2月5日就建成了。

● 地热电站

1978年，我国首座地热发电站——西藏羊八井地热发电站1号机组达到设计出力标准，实现稳定运行。至今，羊八井地热发电站一直安全、稳定发电，截至2017年累计发电量已超过30亿千瓦时。

《流浪地球》中的地下城位于地下5000米处，利用地热应该是很方便的。

地下输变电技术相当成熟。

发电问题解决了，我们来看输变电。

● 地下电缆

地下用电缆输电是没有问题的，因为很早技术上就突破了。地下500千伏电缆，北京、上海、广州都有的。

另外，我国已经在全球率先掌握1000千伏特高压地下电缆输电技术。

● 地下变电站

变电也没有问题，我国已经有很多座地下变电站了。

北京王府井热闹的街角下，"潜伏"着一个曾经"亚洲第一"的220千伏变电站。

1999 年 8 月，亚洲第一座总容量达 75 万千伏安的 220 千伏全地下式变电站——北京王府井变电站竣工投产。

上海静安雕塑公园地下也隐藏着一座世界级的变电站——500 千伏静安变电站。它于 2010 年 4 月投运，是目前世界上规模最大的 500 千伏多级降压全地下变电站。

发电问题解决了，高电压等级的输变电问题也解决了，至于配电、用电，更是没什么问题的。毕竟，很多小区的配电室就在地下。

一句话，在地下，电力"发输变配用"都是妥妥的。

下面是人们对未来的一些大胆设想和期望。

➢ 彼时地球表面温度为零下 85 摄氏度，目前的超导技术已经在接近这温度的环境正常使用了。那时我们可能是用超导电力导线了！

➢ 什么时候可以把电升级到跟无线网一样，只要连接密码就可以用了？那样多方便啊！

➢ 思维得解放啊！电力无线传输，要什么电线？

例 23

用什么来照明？

怎样才能达到照明的目的呢？

达到照明目的的方法很多，如点油灯、火把、蜡烛，用电灯，打开手电筒，用镜子反射光，划火柴，利用萤火虫闪光和物体摩擦产生的火光……

爱迪生发明电灯，为了解决灯丝寿命短的问题，曾先后思考设计了 1600 多种方案。

你可能想这么多方案，到底哪个可行呢？问得好！你这一问题又将引出另一种思维方式——集中思维。

2.3.2 什么是集中思维

集中思维是指在扩散思维的基础上，将获得的若干信息或思路加以重新组织，使之指向于一个正确的答案、结论或最好的解决方案。如下图所示。

一般地讲，集中思维就是对扩散思维提出的多种设想进行整理、分析、选择，再从中选出最有可能、最经济、最有价值的设想，加以深化和完善，使之具体化、现实化，并将其余设想中的可行部分也补充进去，最终获得一个最佳方案。

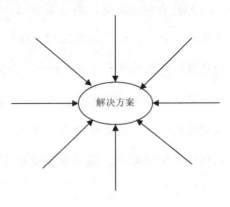

中国有句古话叫"多谋善断"，其中"多谋"指的就是扩散思维，"善断"则指的是集中思维。

例 24

垃圾和宝贝

当年，在奥斯维辛集中营有一位犹太人对他的儿子说："现在我们唯一的财富就是智能，当别人说1加1等于2的时候，你应该想到大于2。"父子俩竟然在纳粹的奥斯维辛集中营里活了下来。

后来他们来到美国做铜器生意。一天，父亲问儿子1磅铜的价格是多少？儿子答35美分。父亲说："对，谁都知道每磅铜的价格是35美分，但是作为犹太人的儿子，你要说3.5美元，你试着把一磅铜做成门把手看看。"

20年后，父亲死了，儿子独自经营铜器店。他做过铜鼓、做过瑞士表上的簧片、曾把 1 磅铜卖到 3500 美元，这时的他已是麦考尔公司的董事长了。

然而，真正使他扬名的，却是一堆垃圾。

1974 年，美国政府为清理给自由女神像翻新扔下的废料，向社会广泛招标。很长时间过去了都没人应标。正在法国旅行的他知道后，立即飞往纽约，看过自由女神像下堆积如山的铜块、螺丝和木料，未提任何条件就签了字。

那时有不少人对他的这一举动暗自发笑，因为有如此多的垃圾既不能就地焚化，也不能就地挖坑深埋，送到垃圾厂又运费昂贵。而且在纽约州垃圾处理有很严格的规定，弄不好会受到环保组织的起诉。

就在一些人准备看他的笑话时，他开始组织工人对废料进行整理。他让人把废铜熔化，铸成小自由女神像；他把木头加工成木座；把废铅、废铝做成纽约广场的钥匙，最后他甚至把自由女神像身上扫下的灰尘都包装起来，出售给花店。

不到 3 个月时间，他让这堆废料变成了 359 万美元，其中每磅铜的价格整整翻了 1 万倍。

2.3.3　扩散思维与集中思维的统一

扩散思维和集中思维都是创新思维的重要组成形式，两者互相联系，密不可分。任何一个创新过程，都必然经过由扩散到集中，再由集中到扩散，多次循环往复的思维过程，直到问题的解决。

扩散思维体现了"由此及彼"及"由表及里"的思维过程，而集中思维体现了"去粗取精"和"去伪存真"的思维过程。也就是，先要"多谋"，再要"善断"。

在创新活动中，只有通过扩散思维，提出种种新设想，然后才谈得上如何通过集中思维从中挑选出好的设想，可见，创造性首先表现在扩散上。当然扩散和集中是辩证统一的，都是为了达到创新和创造的目的。

扩散思维就是海阔天空，集中思维就是九九归一。

例25

关于密封门的设计

课题：公共场所新型密封门的设计

现状：一般来说，凡是安装了恒温设备及要求恒温的场所，都要求具有良好的密封性能。但是公共场所进出大门的人很多，甚至有时候川流不息，传统的大门无法做到既能保证室内恒温，又能满足人来人往的需要。因此设计新型密封门的创新课题应运而生。

扩散：创新团队运用扩散思维，最后归纳出以下设计思路：

（1）对开门； （2）横拉门；

（3）转动门 （4）卷帘门；

（5）光控门； （6）声控门；

（7）气封门； （8）红外线控制门；

（9）相机快门式门； （10）电控门；

（11）无形离子屏门

集中：如何从这11个思路中选出最佳方案呢？既可以单选一种，也可以将几种思路组合在一起。

分析后设计人员认为：

第（3）种已经广泛应用，（2）-（5）-（7）、（2）-（6）-（7）、（2）-（8）-（7）三种组合在机场大厅、豪华酒店等多处也都有应用。

而第（11）种尚未有报道，属于新颖大胆的提法。因此，决定向这个方向努力。

2.3.4 精彩案例 带给人们恐慌的人工智能

大家都知道,律师很重要,但是也很贵,打个官司要花很多钱请律师。由于律师行业整体收入很高,所以很多人都纷纷加入这个行业。然而来自美国的预测:未来十年,律师将会逐渐减少——法律机器人将会逐步取代 90% 的律师,因为普通律师作为法律顾问的准确性只有 70%,而人工智能律师的准确性则高达 90%。

此外,钢琴大师郎朗也曾与人工智能一起合奏过。这项名为 AI Duet 的实验,是谷歌基于 TensorFlow 推出的一项全新体验项目。

机器人弹琴并不奇怪,但这次谷歌的实验还是让大家惊奇,因为人工智能能回应郎朗的弹奏,而不是简单的模仿,就像她有了思想。

诞生于 1956 年的人工智能已经经历了 60 多年的发展,与基因工程、纳米技术并称为 21 世纪三大顶尖技术。人工智能的定义有很多,比较通俗易懂的是:美国麻省理工学院的温斯顿教授提出的:"人工智能就是研究如何使计算机去做过去只有人才能做的智能工作。"

人工智能发展标志性的事件有:

1997 年 5 月,IBM 公司研制的深蓝(DEEP BLUE)计算机战胜了国际象棋大师卡斯帕洛夫(KASPAROV);

2016 年 3 月,谷歌研发的阿尔法狗与围棋世界冠军李世石进行围棋人机大战,以 4∶1 的总比分获胜;

2018 年 12 月 2 日,在坎昆举行了第 13 届全球蛋白质结构预测竞赛(Critical Assessment of protein Structure Prediction,CASP)。组织者宣布,谷歌 DeepMind 的最新人工智能程序 AlphaFold 击败了所有人,成功预测生命基本分子——蛋白质的三维结构。CASP 也被认为是蛋白质结构领域的"奥林匹克竞赛"。

2019 年 1 月 25 日,谷歌人工智能阿尔法星在"星际争霸 2"电子游戏中,分别以 5 : 0 的成绩战胜了两个人类职业选手。

作为一种需要战略眼光和创造力的游戏"星际争霸"，被认为是人类在智力游戏上的强大堡垒，这个堡垒也被攻克了。而业界也普遍认为，这个事件也标志着人工智能已经具备了宏观视角和战略思考能力。

右图是阿里集团酝酿两年打造出的全球首家无人实体酒店：FlyZoo Hotel，阿里内部代号为"未来酒店"的照片，并于 2018 年 11 月 3 日开业。

它全程没有任何人操作，没有大堂、没有经理、没有收银员，甚至连打扫卫生的阿姨都没有，所有事情统统交给了人工智能，却比任何一家酒店都更安全、更干净、更舒适。

未来，人工智能将在无人驾驶、服务业、教育培训、保险、物流、制造业、银行业乃至农业等领域得到全面发展。

尽管人工智能还在研究中，但有学者认为让计算机拥有智商是很危险的，它可能会反抗人类。其关键是允不允许机器拥有自主意识的产生与延续，如果使机器拥有自主意识，则意味着机器具有与人同等或类似的创造性，机器若拥有自我保护意识、情感和自发行为，那将是灾难性的。

综上所述，未来我们要想不受到冲击怎么办？唯有提高我们的创造力！

2.3.5　自我训练

你也可以写小说——"爱情四步曲"

有人对中国古代历史上诸多的爱情故事及言情小说进行了研究，发现：故事的年代、地点、人物虽总在变化，但故事本身都可以用四个步骤来概括，简称"爱情四步曲"。

当然，这四步曲也可以用于今天的小说创作。四步曲当中有八个关键因素，只要对这八个因素进行扩散，然后再用集中思维进行最佳组合，就可以设计出无穷无尽的构思。

四步曲是：

第一步：书生遇难；

第二步：小姐搭救；

第三步：后花园私定终身；

第四步：应考及第，衣锦团圆。

相应的八个关键因素就是：书生、遇难、小姐、搭救、后花园、私定终身、应考及第和衣锦团圆。

下面对这八个要素进行扩散：

> **书生**：①古代书生；②现代大学生；③研究生；④高中生；⑤程序员；⑥音乐家；⑦画家；⑧留学生；⑨小老板；⑩警察；⑪青年科学家；⑫医生；⑬作家；⑭运动员；⑮歌手；⑯所能想到的各种身份；⑰以上身份都换为女性——女性书生等。

> **落难**：①没有路费；②被困冰雪中；③山中遇险；④遭遇强盗；⑤失恋；⑥患病；⑦游泳遇险；⑧车祸；⑨画卖不出去；⑩遭遇意外损失；⑪科学研究遇到难题；⑫开演奏会无人光顾；⑬昏倒街头；⑭比赛失利；⑮小说不能出版；⑯政治遇难等。

> **小姐**：①古代大家闺秀；②现代大学生；③酒吧女郎；④高中生；⑤留学生；⑥空姐；⑦歌星；⑧女医生；⑨导游；⑩女警察；⑪营业员；⑫所能想到的各种身份；⑬换成男性——书生及其他身份。

> **搭救**：①赠钱资助；②收留；③开导鼓励；④帮助脱险；⑤抢救性命；⑥献血；⑦请求父母给予帮助；⑧跳下水去救人；⑨送医院并看护；⑩帮助补习功课；⑪拜托有钱的叔叔给他开演唱会；⑫赞助留学；⑬等等。

> **后花园**：①自家后花园；②公园；③星巴克咖啡屋；④山洞；⑤海边；⑥医院；⑦北京、上海；⑧古城；⑨巴黎；⑩飞机上；⑪旅途中；⑫学校内；

⑬演奏大厅；⑭运动场；⑮博物馆；⑯网络；⑰等等。

> **私定终身**：①接吻；②默许；③交换信物；④求婚；⑤结婚；⑥通信；⑦互相研究科研问题；⑧给予鼓励；⑨和他去旅游；⑩帮助事业成功；⑪等等。

> **应考及第**：①中状元；②中探花；③取得学位；④留学成为博士；⑤生意成功发财；⑥终于考取大学；⑦演奏会盛况空前；⑧成名；⑨科研出了成果；⑩做官了；⑪大病痊愈；⑫等等。

> **衣锦团圆**：①结婚；②另一个人远走他乡不知道去了哪里；③一方变心了；④母亲不同意结婚；⑤私奔；⑥没有结局；⑦死掉；⑧长相思；⑨留下一封信；⑩旅行结婚；⑪等等。

根据以上要素，运用集中思维进行组合，便可诞生许多个不重复的故事。比如⑤－⑧－⑨－⑨－⑤－④－④－⑨。

请你也来根据这个思路创作一个故事吧！

2.4　润物细无声——联想思维

2.4.1　什么是联想思维

看到"润物细无声"这几个字，想必大家会不由自主地脱口念出"好雨知时节，当春乃发生。随风潜入夜，润物细无声"这些诗句，并想起了诗的作者——唐代大诗人杜甫。事实上，这一思维过程就是我们即将要学习的联想思维。

就这么简单？没错，不过这是最简单的一种，叫作相关联想。像这样的联想能力几乎不需要特别的学习，每个人都有。但我们下面学习的是进一步的能力，当然，并不难。

联想思维是指从一种事物想到另一种事物的心理活动。我们也常把联想思维简称为联想。联想可以是概念与概念之间的联想，也可以是方法与方法之间的联想，还可以是形象与形象之间的联想。由下雨想到潮湿，由烟雾想到白云，看到狮子想到猫，都是联想。

联想的本质是发现原来认为没有联系的两个事物（或现象）之间的联系，这难道不是创新吗？有一句话说得好：**"在一定程度上，人与人之间创造力的差别在于看到同样的事情产生不同的联想。"**

例 26

棉花和甜瓜

棉花和甜瓜有什么联系吗？

农民科学家、"棉花迷"吴吉昌曾经为棉花落桃问题而苦恼。有一天，他看到瓜农在甜瓜刚刚长出两片真叶时，就打顶，便上前询问这是为什么？瓜农回答，这样做既可以促进瓜秧早坐瓜，多坐瓜，又可以防止嫩瓜脱落。吴吉昌马上从甜瓜想到自己的棉花，甜瓜和棉花虽然不是一回事儿，但结瓜和结棉花是它们的共性，能不能把这个方法用到棉株上呢？吴吉昌想到就干，不避寒暑地坚持试验，终于在减少棉花落桃问题上获得了新的突破。

善于联想就是善于抓住事物之间本质上的相似之处，从已知推导未知，获得新认识，产生新设想。

联想是跳跃式的信息检索，属于非逻辑思维。

那么，联想有哪几种类型呢？

2.4.2　联想的 3 种类型

● 相关联想

由一事物想到与它相联系的方面称为相关联想。例如，由冰想到凉，由圆珠笔芯想到圆珠笔，由鱼想到鱼缸，由风扇想到空调，由电话想到手机等。

例 27

为男员工设立私房钱账户?

麦当劳日本公司在调查中发现,大约有16%的男员工藏有私房钱。这些人认为这是"男人必需的经费",例如偶尔打打牌,跟朋友喝喝酒、泡个澡等,都属于这样的"必需经费"。而这样的"必需经费"很多时候不能直接向太太要,甚至不能让太太知道,于是就有了藏私房钱的做法。

之前,日本麦当劳公司有个传统,就是每年3月份的结算奖金并不直接打给男员工,而是把钱打入他们太太的账户,这样的做法自然受到太太们的极大赞赏,公司常常收到太太们各式各样的赞扬。由于博得了太太们的欢心,自然也激发了男员工的工作热情。

但自从了解到"16%现象"后,他们作出了相关联想:可以设立两个账户,其中一半的奖金依然打入太太的账户中,另一半则打入先生的账户中,岂不皆大欢喜?

具体做法是:由男员工提出申请,然后会计部门单独为他们提供特别服务。

这样一来,虽然有"欺骗太太"的嫌疑,但有了私房钱账户的员工工作干劲更足了,花钱也理直气壮起来。

例 28

日本人是怎样找到大庆油田的?

大庆油田开发初期,我国是对外保密的,相关资料没有对外公布。日本人就设法收集大庆油田的情报。

他们看到对海外发行的《中国画报》上刊登的铁人王进喜的照片,天上下着鹅毛大雪,铁人身穿大皮袄,于是分析大庆油田可能在东三省,否则不会有这么大的雪。

又看到《人民日报》的一条新闻报道，王进喜到了马家窑以一声："好大的油田啊！我们要把石油落后的帽子甩到太平洋去！"日本人说："找到了，马家窑就是大庆油田的中心。"他们立刻收集马家窑的气象等相关信息。

后来，他们又根据《人民日报》上一幅钻塔照片上钻台手柄的架式估算出了油井的直径。

所有的这一切，都为日本石油化工设备公司竞标中国大庆油田的设备采购奠定了极为有利的基础。

● 相似联想

由某一事物想到与其相似的事物，称为相似联想。如，面团加入发泡剂能使烤出的面包松软可口。如果塑料中加入泡沫剂会怎么样呢？于是诞生了泡沫塑料；水泥中加入泡沫剂产生了泡沫水泥；冰棒中加入泡沫剂产生了大个的雪糕。

例 29

肥皂引起的联想

原沈阳重型机械厂有一位老工人，发现洗油多的工作服时，打很多肥皂都不起泡沫。他看到这种现象，猛然间想到：原来泡沫怕油，如用油来处理带酚污水池的泡沫问题，效果一定很好。经反复实验，获得了意想不到的效果。

例 30

怎样分开薄钢板？

某企业因生产需要，要从国外进口薄钢板。由于这些薄钢板被防锈油粘在一起，很难一张张分开。有一位操作工在玩扑克时发现，一副整整齐齐的扑克牌只要用手一弯，就自动一张张分开了。由此他想到，钢板不是也可以这样做吗？于是，他设计了地槽，将钢板往槽里一放，中间向下弯曲，钢板自行一张张分开了。

● 对比联想

由某一事物想到与它具有相反特点的事物称为对比联想。如，由大想到小，由上想到下，由长想到短，由好像到坏，由远想到近，由白天想到黑夜等。对比联想容易使人看到事物的对立面，转变思路，从而诞生巧妙的设想。

例 31

不必耐用

当人们在商品的经久耐用上动脑筋下功夫时，在对比联想的引导下，一次性商品问世，同样受到消费者的欢迎。如一次性饭盒、一次性筷子、一次性纸杯、一次性笔、一次性打火机、一次性洗漱用品等。当年在美国市场上，来自中国台湾的各式各样花花绿绿的一次性雨伞后起直上，销量一举超过经久耐用的传统雨伞。

例 32

丑陋玩具

一天，美国艾士隆公司董事长布什耐在外面散步，他发现有几个小孩子正在玩一只小虫子。这只小虫子不仅满身污泥，而且长得十分丑陋难看，可是这几个小孩却玩得津津有味，爱不释手。这一情景让布什耐联想到：市场上销售的玩具清一色都是形象美丽的，凡是动物玩具，个个都面目清秀、俏丽乖巧。假如生产一些丑陋的玩具投放市场，销路又将如何呢？

他决定试一试。于是他让设计人员迅速研制了一批丑陋的玩具投放市场：有橡皮做的"粗鲁陋夫"，长着枯黄的头发、绿色的皮肤；有一串小球组成的"疯球"，每个小球上都印着丑陋不堪的面孔……没想到这些丑陋的玩具上市后，一炮打响，市场反应热烈，给艾士隆公司带来了丰厚的利润。尽管他们的价格大大高出一般玩具，但销售却长盛不衰。

2.4.3　联想的 3 种方法

● 自由联想法

自由联想法指的是思维不受限制的联想，可以从多方面、多种可能性中寻找问题的答案。

例 33

生病卧床与"大陆漂移说"

一般来说，生病卧床是一件"坏"事。但谁能想到，有一个人，因为生病卧床，不得不天天面对床对面墙上的一幅地图，而诞生了一个划时代的伟大联想呢！这一联想的结果被后人誉为"是地学史上的一次革命，堪与哥白尼的日心说和达尔文的进化论相媲美"。

那是一张世界地图，那个人叫魏格纳（如右图所示），是一位气象学家，但他提出的学说却是地球物理学方面的、现在已是非常著名的"大陆漂移说"。

1910 年，生病卧床休息的德国气象学家魏格纳每天面对墙上的一张世界地图，他无聊时就仔细地研究这张图。很快，他发现了一件奇妙的事情：大西洋两岸的地形是如此的吻合！正像他在 1915 年出版的《海陆的起源》一书的前言中所说的那样："任何人观察南大西洋的两对岸，一定会被巴西与非洲间海岸线轮廓的相似性所吸引住，不仅圣洛克附近巴西海岸的大直角凸起和喀麦隆附近非洲海岸线的凹进完全吻合，而且自此以南一带，巴西海岸的每一个突出部分都和非洲海岸的每一个同样形状的海湾相呼应；反之，巴西海岸有一个海湾，非洲方面就有一个相应的突出部。"

正是这样的发现使得魏格纳产生了一个大胆的联想：非洲大陆与南美洲大陆、欧洲大陆与北美大陆曾经贴在一起！这就是后来的"泛大陆"概念。

但慢慢地由于种种原因泛大陆发生了漂移，这个漂移过程很缓慢，直到第四纪初期才形成现今地球上海陆分布的轮廓。

"大陆漂移说"较好地解释了迄今大西洋两岸的轮廓、地形、地质构造、古生物群落的相似性及南半球各大陆古生代后期冰成层的分布等一系列问题，并可解释许多地质学上以前无法解释的难题，如过去人们对南极发现煤层迷惑不解，其实，在石炭纪时，南极正好位于南纬 25 度附近，是热带雨林地带。

"大陆漂移说"发表后，在全世界地学界引起巨大震动，许多人为之喝彩。但在当时，海陆位置固定说占统治地位，因而也遭到许多"权威"的指责和嘲讽。有人称之为"大诗人的梦"，更有人称之为"疯话"。魏格纳自己也由于证据不够充分而遗憾地说："漂移理论中的牛顿还没有出现。"

魏格纳于 1880 年 11 月 1 日出生在德国柏林，从小就喜欢幻想和冒险，童年时就喜爱读探险家的故事，英国著名探险家约翰·富兰克林成为他心目中崇拜的偶像。

为了找到"大陆漂移说"更多的证据，1930 年 4 月，魏格纳率领一支探险队，迎着北极的暴风雪，第 4 次登上格陵兰岛进行考察，在零下 65℃的酷寒下，大多数人失去了勇气，只有他和另外两个追随者继续前进，终于胜利地到达了中部的爱斯密特基地。11 月 1 日，他在庆祝自己 50 岁的生日后冒险返回西海岸基地。在白茫茫的冰天雪地里，他失去了踪迹。直至第 2 年 4 月人们才发现他的尸体。他冻得像石头一样与冰河浑然成一体了。

到了 20 世纪五六十年代，也就是魏格纳去世大约 30 年后，由于古地磁学的兴起以及遥感、电子计算机技术的发展，科学家找到了大量证据证明，各大陆确实发生过大幅度的漂移。1984 年，美国航空局使用激光和射电望远镜，第一次精确测出了各大陆缓慢漂移的数据，为"大陆漂移说"提供了有力的证据。以"大陆漂移说"为基石，科学家又提出了"海底扩张说"和"板块构造说"。

"大陆漂移说"被认为是地学史上的一次革命！而这全都起源于一次偶然发现之后的联想！

例 34

永不卷刃的刀具

在印刷公司任职的 N 先生，对刀具很感兴趣，一直希望有一种廉价的而且永不卷刃的刀。

一次，N 先生看到有人用碎玻璃刮地板上涂的漆。那个人先敲碎玻璃，再用碎片的棱角刮，该碎片的棱角磨秃后不好使用时，把玻璃再敲碎，用新的切口来刮。

见此情景，N 先生眼睛一亮，"啊，有了！"

刀钝后用不着磨，而是将钝了的部分折断。于是他在薄而长的钢片上刻出印痕，钝了以后折断，果然顺利地出现了一段新刃。

从敲碎玻璃、去掉一部分中获得启示，设计出这种世界上前所未有的可折断的刀子，并出口到世界各国。N 先生理所当然地当上了新成立的刀具公司的经理。

你一定见过或用过这种刀子，看了这个例子有何感想？"这种事我也见过，怎么就没想到？"很多人在别人的创造面前这样想。其实，这里边深藏着的是问题意识和创造精神两个关键的要素。

● 强制联想法

强制联想是指把思维强制性地固定在一对事物中，并要求对这对事物产生联想。

如花和椅子两个事物之间的强制联想，试一试，怎样把二者联起来呢？

可以这样想，花——→花型——→镂花椅子，花——→花香——→带花香味的椅子，花——→花色——→印有花色图案的椅子，等等。

看起来毫无关系的两个事物强行联系在一起，思维的跳跃较大，能克服经验的束缚，产生新设想或开发新产品。

例 35

圆珠笔与收音机

将圆珠笔与收音机联系在一起，开发出带收音机的圆珠笔；将手表和钢笔强制联想，诞生了带电子表的钢笔；将风扇与手电筒联系在一起，开发出带有小风扇的手电筒。

保险柜和照相机本来是没有什么关系的，有人强制联想后，发明了带照相机的保险柜，可以拍下盗保险柜人的照片。

例 36

机枪播种

大家知道，机枪是打仗用的，播种机是种庄稼用的，两件东西简直是风马牛不相及。但偏偏美国加利福尼亚洲一生物学家就将机枪与播种机联系在一起，发明了机枪播种法。这一方法配合飞机播种使用，有效地解决了单纯飞机播种只能把种子撒在泥土表面的缺点，随着机枪的哒哒声，"种子枪弹"射入了土地。

● 仿生联想法

仿生联想法是通过研究生物的生理机能和结构特性，设想创造对象的方法。

自然界的生物经过亿万年的优选、演变，存在着人类取之不尽、用之不竭的创造模型。

飞机的原型是……？是飞鸟。

飞机夜间安全飞行的原型是……？当然是蝙蝠。

气球的原型是……？加把劲，快想！……对了，是蒲公英的种子。

跑步的钉鞋的原型是……？虎和猫的脚，因为它们行走或紧急停止时没有能量损失。

……

例 37

尼龙搭扣是怎样发明的？

尼龙搭扣的发明者叫乔治，是一位瑞士人，工程师。他平时很喜欢打猎，但他每次打猎归来裤腿和衣物上都会粘满一种草籽，即便是用刷子也很难刷干净，非得一个一个地摘才行。

有一次，他把刚摘下来的草籽用放大镜仔细地进行观察，竟然大吃了一惊：原来在这些小小的草籽上有一个有趣的奥秘。他看到那些草籽上有许多小钩子。正是这些小钩子牢牢地钩住了他的衣裤。

受到草籽的启发，他想，难道不可以用许多带小钩子的布带来代替钮扣或拉链吗？经过多次试验和研究，他制造了一条布满尼龙小钩的带子和一条布满密密麻麻尼龙小环的带子。两条带相对一合，小钩恰好钩住小环，牢牢地固定在一起，必要时再把它们拉开。乔治依靠他对自然深入的观察而发明的这一尼龙搭扣，获得了许多国家的专利。

2.4.4 [精彩案例] 京沈高铁望京隧道盾构施工

世界上第一个"盾构施工法"，就是联想思维的产物。

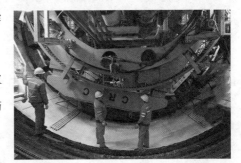

19 世纪 20 年代，英国要修一条穿越泰晤士河的地下隧道。

如果采用传统的支护开掘法，松软多水的岩层就很容易塌方。法国工程师布伦诺尔为此一筹莫展。

一天，他无意中发现有只小虫使劲儿往坚硬的橡树皮里钻。细心的布伦诺尔注意到：那只小虫是在其硬壳保护下进行"工作"的，此情此景使工程师恍然大悟：河下施工为什么不能采用小虫的掘进技术呢？

循着这条思路，布伦诺尔发明了"盾构施工法"，也就是先将一个空心钢柱打入岩层中，而后在这个"盾构"的保护下进行施工。采用了这样的方法后，顺利完成了松软的岩层的施工。100 多年来，"盾构施工法"得到了很大发展，已经应用在各种岩层条件。

在这里，那只以壳护身、敢钻橡树皮的小虫成为"创新源"，使得工程师联想到了水下隧道施工技术，二者的共同点是"壳"。通过这样的联想，盾构代替了支护，做出了了不起的创新。

而望京隧道也是了不起的创新。望京隧道全长 8 公里，是京沈高铁全线唯一一处采用双洞单线盾构技术施工的隧道，同时也是国内首条高铁线路穿越市区采用大直径盾构工艺的隧道，通过自主创新，他们做到了"不拆迁、零扰动"，"零污染、零渗漏、零排放"。这个相当于三层楼高的"巨无霸"盾构机，做出了施工最小沉降仅为 0.68 毫米（这个沉降控制标准为国内最高标准）的精细"针线活"。

据中铁十四局项目负责人赵海涛介绍，望京隧道的工程难点主要集中在大断面、长距离、富水地层施工中遇到的安全风险。隧道在地下穿越首都机场高速、机场快轨、地铁 15 号线、马泉营地铁站、红砖艺术中心、污水处理厂、高压塔架、多处居民区和高大建筑等重大风险源，沉降控制标准高，施工及环境安全风险较大。

最值得一提的是隧道施工所用的"望京号"盾构机。这是由中铁十四局和中国铁建重工集团联合研制而成，是国家 863 计划重点工程，具有完全自主知识产权的国内首台高铁大直径泥水平衡盾构机。

盾构机长 87 米，总重量达 1900 吨，装机功率达到 5300 千瓦，集隧道开挖、衬砌、出碴、导向等功能于一体，被誉为地下隧道掘进智能机器人，可安全平稳穿越复杂地层，中间换刀 200 余把，出色完成了隧道掘进任务。

2.4.5　自我训练

请结合《行动手册》。每个人的联想能力通过训练都可以得到有效提升。下面主要介绍三方面的训练。

● 相关及相似联想训练

这个训练要求你想起同一刺激或环境下相似的信息。例如，从警察想到士兵（警察——士兵），由医生想到护士（医生——护士）等。

训练题：

猫——	狗——	湖泊——	小溪——
茅草——	手机——	飞机——	汽车——

● 强制联想训练

进行强制联想训练时，既要在限定的两个事物中进行，又要让思维活跃起来，找到两点之间尽可能多的通路。

训练题：

土—纸，二者之间有什么联系？请把你的联想写在下面的横线上。

_____

_____

_____

● 仿生联想训练

多做仿生联想训练，不仅可以锻炼联想能力，而且能提高对外部环境的观察力，从而产生创新的灵感。

训练题：

请研究一下青蛙都有什么特点，比如，青蛙呱呱叫代表什么意思？以及青蛙捕捉昆虫的原理、它的弹跳等，看看能联想出什么创意？

_____

_____

_____

2.5 人可貌相——直觉思维

例 38

黄金期货的十分钟

一些专职做股票、期货、黄金交易的朋友都说，由于在这些交易中不仅行情变化快，而且变化幅度也剧烈，因此对直觉的判断力要求很高，很多人都是凭着直觉下单交易的。

下面我们来看一个实战的例子。

一天晚上，中国银行伦敦分行从事股票和黄金交易的负责人正在住所的餐厅吃饭，接到美国纽约他的朋友布朗先生打来的电话，说："美国总统里根遇刺。"出于职业敏感，他的神经顿时高度紧张起来。挂断对方电话后，他一边准备把电话打到美国纽约黄金市场购买黄金，一边急于向路透社询问消息。路透社的情报器回复说："里根遇刺消息未被证实。"哦，虚惊一场，他庆幸自己没有盲动。

但紧跟着餐厅的电话再次响起，布朗先生再次告诉他："消息证实了，里根遇刺了。"凭自己的直觉，他相信这消息是可靠的。他来不及吃完饭，转身奔向楼里自己的房间，火速拿起电话，毫不犹豫地在纽约黄金市场购买了大量黄金。

但放下电话后，不知为什么，他的心怦怦跳，脸色也变得煞白，他想，如果布朗先生的消息是假的，这次的损失是无法估计的。

大约过了几分钟后，这是极其难熬的几分钟，他又接到路透社情报器传来的消息："里根遇刺一事已经证实，现在已被送往医院抢救！"他听后差点叫起来，又箭一般地冲回房间，拿起电话直打纽约黄金交易市场，又购进了一大笔黄金。

就在他刚刚购进第二笔黄金的时候，里根遇刺的消息就传遍了全世界，金价立刻像迅猛的洪水，以无法阻挡之势，冲破了他购买时每盎司 780 美元的大关。当金价跳到每盎司 800 美元时，直觉告诉他金价已到了顶峰，他果断地对自己说：该抛了！随即，他将几分钟里买进的大量黄金全部抛售了出去。

此时，路透社的情报器又铃声大作，他飞也似的冲上去，一看：里根经抢救，已经脱离危险。完全在他的预测之中，金价开始下降，下降……直到恢复到原来 780 美元的水平。

前后不过 10 分钟，短短的 10 分钟，他为中国银行赢得了许多的财富！

2.5.1 什么是直觉思维

俗话说："人不可貌相。"这句话是对的，一个人是不是能干，只看外表往往是看不出来的，需要观察他内在的实际能力。

可我要说，人又可貌相，你信吗？

初次见面，寒暄握手之余，你对对方已经有了一个大致的印象：诚实、和蔼、亲切、热情，令人起敬；或者是狡猾、冷酷、阴险，令人生畏。这就是我们常说的第一印象。

更令人费解的是，这第一印象常常是正确的。根据是什么？

它绝对有根据。根据就是直觉思维。

什么是直觉思维呢？

直觉思维即不经过大脑的分析、推理等，而直接给出答案的过程。它是大脑受到外界信息刺激后马上产生的一种反应，这种反应形成的预感是不加任何思索推理的结果。

那么，直觉思维为什么常常是正确的，甚至具有创造性呢？

直觉的本质是在经验的前提下，大脑对思维过程进行简化、压缩或超越后，得出事物的规律或问题的答案的一种闪电式顿悟。

直觉为什么带有创新的特点呢？这是由直觉思维的特点所决定的。**直觉思维有以下几个典型特征：**

（1）结论的突发性。直觉的结论往往是在没有任何先兆的情况下，突然跳到眼前，以至于主体意识不到他的思维过程，或者说不出为什么做这样的结论。这主要是由直觉思维的无意识性和不自觉性造成的，它是一瞬间对问题的理解和领悟。

（2）结构的跳跃性。主要表现为直接思维的非逻辑性，它没有常规逻辑思维那样循序渐进的思维环节，可以一下子从起点跳到终点，从一个事物跳到另一个事物。

（3）思维的或然性。主要表现为直觉思维的不成熟性，也就是说，直觉思维一般只是形成猜想或假说，形成一个大致判断，所以，通过直觉得出的结论，还要对它加以科学的论证和检验，方可确信。正如纽约大学心理学教授詹·布鲁斯指出的那样："直觉可以把你带入真理的殿堂，但如果你只是停留在直觉上，也可以使你陷入死角。"

来看两个直觉的例子。

例 39

巴顿的直觉

据《巴顿将军》一书中的叙述：在卢森堡的一次战役中，有一天凌晨4点，巴顿将军急匆匆地把秘书叫到办公室，只见他衣冠不整，半制服半睡衣，秘书很奇怪，巴顿将军为什么如此着急呢？

原来，巴顿将军夜半醒来时突然想到，德军在圣诞节时将会在某个地点发起进攻。他决定先发制人，于是急着向秘书口授作战命令。

果然不出他所料，几乎就在美军发起攻击的同时，德军也发动了进攻。但由于美军的先发制人，终于把德军阻止在冰天雪地中。

后来巴顿将军曾两次谈到，这次军事行动是当他半夜3点无缘无故醒来时猛然想到的。

乔治·巴顿（George S. Patton），见左图，美国四星上将，是一位充满传奇色彩的人物，被誉为"一位统率大军的天才和最具进攻精神的先锋官"和"20世纪的拿破仑"。下面两句话是巴顿将军的名言：

"战争是人类所能参加的最壮丽的竞赛。战争将会造就英雄豪杰，会荡涤一切污泥浊水。"

"与战争相比，人类的一切奋斗都相形见绌。"

例 40

警察抓小偷

2004 年 11 月 6 日中央电视台新闻频道《小崔说事》栏目说的是"反扒神警户丑只与 6000 名小偷 30 年的智勇较量"。下面是户丑只的故事节选：

……而他们这边一闹，那边两个小偷立即发现了这边的动静，撒开两腿就跑。而这时，得到那个女保安电话通知的同事赶到了，一看大街上有两个人跑，就知道户丑只在里面动起手来了，于是，二话没说，拔腿就追了上去。

等到户丑只再次把那个小偷交给保安赶出来时，同事也押着一个小偷正在往这边走回来。

"还有一个呢？"户丑只问道。

"跑了。"

户丑只没再多说，立即又追了过去。

户丑只从这条街跑到另一条街，一连跑了两条街，却一直没有追上那人，问路边群众，群众均说没看见，"难道追错了方向？"户丑只问着自己。"不会呀，一般小偷在被追着逃跑时，遇到第一个转弯总是立即就转，不会直接继续向前跑的。"

他站在那里看了看前面，估计小偷不会从前面逃走。于是，他转过身，顺着来路，往回走去。

他刚返过拐角，路过一家布店时，突然直觉告诉他，小偷可能就藏在这家布店。警察的直觉往往很准，比如，此时户丑只的直觉就是完全正确的。那个小偷一路跑到这里，往里一拐，就躲了进去。因为里面的布匹都是挂在店中，犹如一道道天然屏障，可以将他遮掩起来。

就在小偷鬼头鬼脑地向外张望时，不想，轻轻一声"咔嚓"从背后响起，等他反应过来时，手已经被拷上了。

2.5.2 直觉的作用

爱因斯坦说："真正可贵的是直觉。"

丹麦物理学家玻尔说："实验物理的全部伟大发现都是来源于一些人的直觉。"

法国著名数学家彭加勒在谈到直觉对于数学研究的作用时说："没有直觉，几何学家便会毫无思想。"

既然这些伟大的人物都对直觉思维给予了如此高度的评价，那么直觉在创新活动中到底起着什么样的作用呢？有以下三点：

（1）在创新过程中起着动力和加速的作用。

例 41

伦琴和 X 射线

世界上第一个诺贝尔物理奖获得者是谁？他就是德国科学家威廉·伦琴（Rontgen W.K.,1845 ～ 1923）。

1895 年 11 月 8 日晚，伦琴在做实验时，发现无意中放在实验室的照相底片感光，直觉提醒他，一定有一种射线存在！由于对这种具有极强穿透力的射线不够了解，故把这种引起奇异现象的未知射线称作 X 射线。正是这一直觉促使他继续研究，终于发现了这种神秘射线的种种性质，从而为 X 射线应用于医疗等方面做出了巨大贡献，伦琴也因此获得了诺贝尔奖。

（2）有助于做出最佳选择。

任何一项创新、创造，总是要遇到许多复杂的情况，需要选择明确的创造目标，确定最佳方案。而直觉可以帮助你从许多可能方案中选出最佳方案。这已经成为创新者广泛采用的一条原理。

例 42

丁肇中的故事

大家都知道，丁肇中是著名的华裔实验物理学家，他因发现一种质量大、寿命长的奇怪粒子— J 粒子，而荣膺 1976 年诺贝尔物理奖。

他是怎样发现这种粒子的呢?

原来，在从事基本粒子研究时，丁肇中凭直觉判断出重光子没有理由一定要比质子轻，很可能存在许多有光的特征而又比较重的粒子。当时理论上并没有预言这些粒子存在，正是直觉判断使得丁肇中选择了探查粒子存在的科研课题。

经过几年的潜心研究，他终于发现了比质子重的光特征粒子— J 粒子。关于这个发现的难度，丁肇中说:"这好比在一个下雨天，每秒钟在某个地方落下 100 亿颗雨滴，其中有一颗是带颜色的，我们要将它找出来。"

（3）有利于做出预见。

创新者凭借卓越的直觉能力，能够在纷繁复杂的事实材料面前，敏锐地察觉某一类现象和思想具有重大的意义，预见到将来在这方面会产生重大的创造发明成果。

例 43

爱因斯坦怎样评价居里夫人?

被爱因斯坦称为具有"大胆的直觉"的居里夫人发明放射性元素的过程也是凭借一种直觉。当 1896 年放射性现象被发现以后，居里夫人经过初步实验，发现放射性与化合情况以及温度、光线无关。于是她大胆猜测，这种放射性是原子的一种特性，这种放射性元素除了铀之外，还有别的元素。不久，她经过实验发现了放射性元素钋，后来又发现了另一种放射性强度更大的元素镭，从而为将这些元素运用于军事和其他领域奠定了基础。

尽管直觉在创新活动中起着非常重要的作用，但必须指出的是：直觉是以经验做基础的，越是熟悉的事物越容易产生直觉，而经验是有限的，这一有限性常导致创新者凭直觉得出的结论被限制在一定的范围内，并可能出现错误的论断。比如，在没有对病人做周密检查之前，匆匆根据直觉判断，医生就可能做出错误的诊断。

因此，在创造过程中，既要重视直觉思维的积极作用，又要注意克服它的缺陷，对于由直觉得出的猜测，应进一步用实践来检验它的正确性。

2.5.3　精彩案例　达尔文的葵花之谜

年轻时的达尔文专注于动物的研究，晚年时则转向了对植物的喜爱。他注意到了向日葵的向阳问题，以及其他植物在幼苗期也存在明显的向光性。这到底是怎么回事呢？

富有探索精神的达尔文百思不得其解，但他凭直觉断定：葵花盘的背后一定有一种物质，这种物质本身害怕太阳的照射，正是这种特殊的物质导致了葵花的向日性转动。但无比遗憾的是，没有等达尔文找出这种物质，他就离开了人世。

但达尔文的葵花之谜激励着后来的植物学家以及他的学生继续开展研究。经过不断的探索，大家认识到：植物中有一种物质叫作生长素，这种物质的特性是迎光面的分布浓度远小于背光面，比如向日葵背面的浓度是向日面的 3 倍。1931 年，科学家们提取了真正的植物生长素。

看来，生长素实在是一种"害怕"太阳的物质。因此一种葵花朵朵向太阳的合理解释就是躲避太阳。

但是，写到这里，我自己也产生了疑问：这种解释其实还有些牵强——生长素并不是葵花特有的物质，但为什么只有葵花的向日性表现得如此强烈呢？

据网友提供的资料：首先，葵花随着太阳转是有前提的，它只是在幼苗到花盘盛开之前有明显的随转性，一旦花盘盛开了，它的方向就是固定的，只是朝向东方。据说这样有利于向日葵的繁衍，因为向日葵的花粉怕高温，如果温度高于30摄氏度，就会被灼伤，因此固定朝向东方，可以避免正午阳光的直射，减少辐射量。而且，花盘一大早就受阳光照射，有助于烘干在夜晚时凝聚的露水，减少受霉菌侵袭的可能性，况且在寒冷的早晨，阳光的照射可使向日葵的花盘成了温暖的小窝，能吸引昆虫在那里停留，帮助传粉。

其次，近年来美国的植物生理学家根据这个解释，对葵花作了测定。他们发现，不管太阳来自何方，在葵花的花盘基部，向阳和背阳处的生长素都基本相等。因而，葵花向阳与植物生长素的含量多少是没有关系的。

那么，葵花为什么要跟着太阳转呢？

他们做了这样的实验：把葵花种在温室里，然后用冷光也就是日光灯代替太阳光对花盘进行照射。冷光的方向与太阳光一致：早晨从东方照来，傍晚从西方照来。这时，就会发现无论是早晨和傍晚，葵花的花盘都没转动。如果利用火盆来代替太阳，并把火光遮挡起来，花盘就会一反常态，不分白天黑夜，也不管东西南北，一个劲儿朝着火盆转动。

通过许多实验，科学家们对葵花的向阳性做出了新的解释：在葵花的大花盘四周，有一圈金黄色的舌状小花，中间是管状小花，管状小花中含的纤维很丰富，受到阳光照射后，温度升高了，基部的纤维会收缩。这一收缩就使花盘能主动转换方向来接受阳光。特别是在阳光强烈的夏天，这种现象更加明显。

由此可见，向日葵花盘的转动并不是由于光线的直接影响，而是由于阳光把花盘中的管状小花晒热了，温度上升使花盘向着太阳转动起来。因而，从这个意义上说，向日葵还可以称作"向热葵"。

但不管怎样，达尔文关于向日葵的大胆的直觉预言带动了科学家们对自然的探索和研究。

2.5.4 自我训练

准确点说，所谓直觉思维的自我训练，主要是训练正确利用直觉思维的能力。也就是说，当直觉提示我们的时候，既不要因为忽视直觉的提示而错失良机，也不要因为过分迷恋直觉而导致走向错误。

总之，遇到自己无法立即明确下结论的情况，一定要给予高度重视，并按照科学的方式、方法来进行求证，以得到正确的结果。

请回忆自己之前产生直觉的情况，仔细梳理一下，分析其过程的科学性，并写在下面横线上。

2.6 踏破铁鞋无觅处——灵感思维

例 44

地震预报——李四光未了的心愿

地震到底能不能预报？至今仍是一个没有结论的问题。

1971 年 4 月，坚信地震是可以预报的李四光（左图），在弥留之际不无伤感地表示，如果再给他半年时间，他就可能解决地震预报问题。

2008 年汶川地震后不久，就有科学家呼吁：李四光地震预报理论和方法不能丢！那么，李四光的理论和方法的核心是什么呢？

1966 年 3 月 8 日 5 时 29 分，在河北省邢台地区隆尧县东，发生了 6.8 级强烈地震，震源深度 10 公里，震中烈度为 9 度强。从 3 月 8 日至 29 日在 21 天的时间里，邢台地区连续发生了 5 次 6 级以上地震，其中最大的一次是 3 月 22 日 16 时 19 分在宁晋县东南发生的 7.2 级地震，这次地震震源深度 9 公里，震中烈度为 10 度。这一地震群统称为邢台地震。

邢台地震发生后，周恩来总理站在邢台的废墟上，发出要搞地震预报的指示，并且制定了"以预防为主，专群结合，土洋结合，多路探索"的方针。时任地质部部长的李四光迅速在全国展开了"地质—地应力"地震预报的工作，并取得了初步成果，使得中国在地震预报方面领先于世界各国。例如，李四光亲自指导了在石家庄尧山建地应力观测站摸索地震预报经验，成功预报了河间地震。只可惜这一工作没有能够持续进行，而且这一理论和方法也被搁置了。

李四光地震预报的核心思路是：运用**地应力测量**的方法进行地震的预报，因为地震本身就是地壳在地应力作用下发生的现象。他同时还给出了 5 种测量地应力的方法。

地应力是地质力学的核心观点。

大家都知道，李四光是著名的地质学家，他独创的地质力学理论，相继为我国找到了大庆油田、胜利油田、大港油田、江汉油田，接着，又找到了钨、铬、铀、金刚石、煤及稀有金属矿藏，并在开发地热、地下水，研究第四纪冰川等方面取得了重大成果。

那么，李四光当年是怎样提出"地应力"概念的呢？这里面还有一个故事。

原来，20 世纪 20~40 年代，李四光持续进行地质构造的研究，他的研究思路完全不同于国外的地质学家，由于地壳运动和地壳形变是个很复杂的问题，故李四光力图从整体上系统地去进行研究，也就是从地质构造和地壳形变产生的本质，即动力学问题上进行分析和着手开展研究。在李四光之前，还没有人用严格的力学方法处理过这样的问题，这是一个绝对意义的创新！

但李四光的研究也一度遇到了难题：到底是什么造成了板块的漂移和现如今地质构造？

有一天，李四光在经过艰苦的思考之后还没有突破，他干脆放下工作，去和女儿玩。只见李四光家的狗正在和小猫嬉戏，小猫躲进了洞里，小狗也想跟着小猫钻洞，但怎么也钻不进去，急得汪汪直叫。这时李四光的女儿跑过来赶狗，李四光见此景笑着对女儿说："你是否学学牛顿，在这个洞的旁边再开一个阿龙（狗名）可通过的大一点的门呢？"

李四光这么一提牛顿，没想到却启发了他自己，他想起作用力与反作用力，有了！李四光因此提出了"地应力"这个概念！

李四光这种在经过大量思考之后突然得到问题答案的现象，我们称为灵感。

那么，灵感和灵感思维是一回事吗？如果不是，二者又是什么关系呢？

2.6.1　灵感与灵感思维

爱迪生说："天才，那就是一分灵感，加上九十九分汗水。"

灵感是一种现象，一种自己无法控制，创造力高度发挥的突发性心理状态。这种现象产生时，人们可突然找到过去长期思考而没有得到的解决问题的办法，发现一直没有发现的答案。

灵感是一种顿悟。

灵感思维则是一个过程，也就是灵感的产生过程。即经过大量的、艰苦的思考之后，在转换环境时突然得到某种特别的创新性设想的思维方式。正可谓"踏破铁鞋无觅处，得来全不费功夫"。

例 45

王冠中掺了假？

"给我一个支点，我能撬起地球！"这句熟悉的话是谁说的？答案是阿基米德。

希洛王要做一顶金王冠奉献给永恒的神灵，并且如数白金匠提供了制作金王冠所需要的黄金。金匠做了一顶重量与黄金数量相等的王冠。有人怀疑金匠贪污了部分黄金，并且掺进了相同重量的白银，但苦于没有证据。国王要阿基米德动动脑筋，但阿基米德苦思冥想却找不到解决的办法。

有一次他带着沉思走进了浴室，当他坐到澡盆里时，溢出的水突然激发了他的灵感，他顾不上洗澡，急忙去做实验。阿基米德把各种物体放入盛满水的容器中，测量证实溢出的水的体积与侵入水中的物体的体积一致。他运用这种方法断定王冠里掺入了比黄金轻的白银。并因此发现了浮力定律，即阿基米德第一定律。

请思考

（1）体会一下这个例子中灵感与灵感思维的关系。

（2）"灵感"一词出自于哪国的文字？猜一猜，用直觉思维。

四大文明古国是：_____、_____、_____、_____？

灵感出自于古希腊，您猜对了吗？它的原意是"神的气息"，已沿用了两千多年，所以带有一层神秘的面纱。唯心主义者进一步把它神秘化，说它是"人与神沟通"。

现代科学证明，灵感思维是大脑的一种潜在机能，是客观存在的，是思维发展到高级阶段的产物。钱学森教授说："刚生下来的娃娃不会有灵感，所以灵感是人们社会实践的结果，不是神授。既是社会实践的结果，又是经验的总结，它应该有规律。总而言之，灵感是又一种人可以控制的大脑活动，又一种思维，也是有规律的。"

其实，灵感与灵感思维是密不可分的。但为了学习的方便，我们将它们分开来谈。

2.6.2 灵感的特点

（1）突如其来，让人茅塞顿开。

所谓突如其来，是说它是在人不注意的时候，在人没有想到它的时候，突然出现的。它的出现带有偶然性。

（2）它不为人的意志所左右，也不能预定时间。

人们无法通过意志让灵感产生，也无法事先计划它的到来，它总是"不期而至"。创造者常常用"出其不意""从天而降"等词来形容灵感发生的迅速性。甚至有些灵感出现在梦中。

俄国化学家门捷列夫试图按照化学元素的性质，编制元素周期表，但很长时间没有成功。有一次，他一连三天三夜没有睡觉，坐在桌旁研究，由于太疲劳了，只得去睡一会。但他的大脑并没有停止工作，在梦中完成了周期表的编制工作。他说："我梦见了周期表，各种元素都按它们应占的位置排好了，骤然醒来，立即写在一张小纸上，后来发现只有一处需要修正。"

（3）瞬间即逝，飘然而去。灵感呈现过程及其短暂，往往只有一瞬间、一刹那的时间，稍纵即逝。人们把它比作火花，比作闪电，说来就来，说走就走，来不可遏，去不可留。明末文人金圣叹在对《西厢记》的批语里写道："饭前思得一文，未及作，饭后作之，则为另一文，前文已不可得。"说明了做文章的灵感闪现的特点。

提示

为了避免事后遗憾，一定要随身携带钢笔！当灵感光临时，把它写下来是留住它的最好办法！没有纸没关系，可以学圆舞曲之王约翰·斯特劳斯，他脱下衬衣当纸，在袖子上写下不朽杰作《蓝色多瑙河》！

例 46

花旗银行：5 年完成 10 亿账户

当年，世界最大的金融集团花旗银行的前 CEO 约翰·里德在见到手机的瞬间就闪过一个念头："这就是银行！"之后，他指示负责人："今后没有 10 亿人的账户，银行的零售（小额融资）部门是活不下来的，所以无论如何也要完成开设 10 亿个账户的目标。"要知道，花旗银行创业后花了近百年的时间才好不容易使账户人数达到了 1 亿，所以很多人认为在今后 5 年完成 10 亿人账户几乎是不可能的事情。

当时接受这一指示的是一名女性负责人。到底怎样才能利用手机把看起来完全不可能的事情实现呢？她苦苦思索。突然有一天，当她再次看到被赋予"5 年完成 10 亿账户"使命的手机时，灵光一现：把手机用做存折不就得了嘛。自此，花旗银行的手机银行业务诞生了。

2.6.3 灵感思维的规律

一般来说，灵感思维具有以下规律：

（1）灵感产生于大量的、艰苦的创造活动后。

灵感思维的基础在于创造性活动，如果没有创造性活动，也就不会有灵感。大量的、艰苦的创造活动使大脑的神经绷紧，思维能力达到了突破的边缘，故一旦有一个诱因，即自己需要的信息刚露头，就能立即引起大脑神经的强烈共鸣，灵感就此产生。

例 47

用"风"灭火?

1987 年 5 月 6 日，对于中国人民来说是个难以忘怀的日子，更是许多亲历过的人心中无法磨灭的隐痛。因为从这一天开始，大兴安岭林区燃起了持续一个月的大火。这场特大的森林火灾共造成 400 多人死亡，50000 多人无家可归，不仅房屋等遭到破坏，而且大量的森林资源付之一炬。

话说伊春林区一位师傅，他从小就在大兴安岭做护林员。大火过后，他走在到处黑乎乎的林区，望着满目的荒凉，心中充满了难以表达的悲怆。曾经，许多的林木是他亲手栽下，就像自己的孩子一样，他每天巡视时甚至会和这些树木说说话，但现在，一切都不复存在。

这位师傅在难过之余想到，其实林区每年都有小范围火灾发生，关键是当时灭火是否及时。他感觉，现有的灭火器材都不够理想。于是，他萌生了一个想法：什么样的灭火器更好用呢？

这位师傅每天苦思冥想，但不得要领，始终想不到更好的办法。他的学历很低，也就是小学文化，对那些机械、电器基本上是不懂。

但他没有放弃，每天一闲下来他就想灭火器的事儿。日子就这样一天天过去了，大约在他想了半年之后，有一天林区停电，到了晚上他就在小屋点起了蜡烛，继续想灭火的事情。

但依然没有什么头绪，也理不出思路来。他叹了口气准备睡觉。于是吹灭蜡烛躺在了床上。但就是这个吹蜡烛的动作忽然提醒了他！黑暗中他看到了思想的火花在眼前一闪！

——我在做什么？吹蜡烛。"吹"不就是在灭火吗？那么是用什么灭的火？吹蜡烛时要用力吹才行，不是风又是什么？难道风可以灭火吗？

一直以来，在师傅的概念中，都是风助火势，林区着了火最怕伴随着刮风了，一刮风火就会越烧越旺。所以，他从没想到过风还能灭火。

想到了用风灭火，师傅激动得再也睡不着觉了，他终于想明白了：当局部的风小于局部的火时，风是助火的；当局部的风大于局部的火时，风就是灭火的。因此，完全可以制造"风力灭火器"！

我们说在创新活动中，最宝贵的就是思想。当这位师傅第二天把这个想法上报领导时，得到了大力支持。后来，由研究所的工程师们研制成功了风力灭火机，并以这位师傅的名义申报了专利。

（2）灵感产生于大量的信息输入后。

灵感的产生，如同电压加到一定的高度，突然闪光，电路接通，就能大放光芒。因此，在进行创造活动的过程中，不断地往头脑中输入大量的信息，也是产生灵感的前提之一。

阅读相关资料、上网搜索、请教专家等，都是信息输入的过程。

（3）灵感产生于一定的诱因。

大量的信息、大量的创造性活动使创造力处于饱和状态，此状态需要一定的诱因，才能产生质的飞跃。

请思考

诱因怎样产生？诱因是什么？

第二个问题较容易回答，所以我们先来看第二个。诱因一般是与思考的问题有关的信息，大部分是间接信息；也有个别诱因与思考的问题无关。那么，间接信息又是通过什么思维方式转化成灵感的呢？

研究表明：间接信息本身并不给出问题的直接答案，而是通过联想思维转化成灵感。换句话说，灵感是联想的产物！

前面李四光的例子中，和孩子玩属于转换环境，为诱因的产生创造了条件，牛顿及其作用力与反作用力定律成为诱因，地应力成为这一灵感的成果，而"反作用力—地应力"之间的联想构成灵感的核心。

接下来讨论产生诱因的条件。

诱因一般产生在紧张思考之后的暂时松弛状态。比如，在散步、走路、坐车、骑车时，或在穿衣、刮脸、洗澡时，或从事轻松活动时，或在赏花、听音乐、钓鱼时，或放松式幻想时，或与人交谈、讨论、争辩甚至在病中时。

例 48

欧阳修与达·芬奇

我国唐宋八大家之一的著名北宋诗人欧阳修自称："吾生平所做文章在三上，乃马上、枕上、厕上也。"而李白在饮酒时创作力旺盛，有"李白斗酒诗百篇"之说。

达·芬奇不仅是一位伟大的画家，也是发明家。他获得灵感的方法比较奇特。他先是闭上眼睛全身放松，然后在纸上信笔涂鸦。待睁开眼睛后，利用这些乱七八糟的图案，在自己脑海中形成一定的图形和联系，从而获得灵感。他的许多发明都是利用这种方法产生灵感而做出的。

一夜酣睡之后的早上，是灵感光临的大好时光。苏格兰诗人和小说家司哥特说："我的一生证明，睡醒和起床之间半小时，非常有助于发挥我的创造性，任何工作、期待的想法，总是在我一睁眼睛的时候大量涌现。"

日本有人对 821 名发明家灵感涌现的环境进行统计，结果表明，"家中"占42%，"工作单位"占 18%，"户外"占 40%。其中，"枕上""步行中"和"车上"所占比例最高。

2.6.4 **精彩案例** 扑克牌通缉令

一场战争的性质以及对错将由历史评价。这里只想介绍一个创意。

想必很多朋友听说过美伊战争期间用于追杀萨达姆及其高官的扑克牌通缉令。这种富有创意的通缉令是谁提出的？其中的"黑影"人物又是怎么回事呢？

据南方网报道：2003年4月12日，美军中央司令部新闻发言人布鲁克斯准将亮出了扑克牌通缉令，让全世界关注伊拉克战争的人都感到出乎意料。到了5月2日伊拉克前副总统马鲁夫投降，已经有17名扑克牌上的伊拉克前政府高官落入美英联军之手。可以说，扑克牌通缉令发挥了其他通缉形式难以比拟的作用。这个"非常有创造性"的方法甚至让许多广告公司和媒体拍案叫绝。

"天才想法"竟来自一名印刷工人。

激战过后，美军要通缉的伊拉克高官不是一个两个，而是50多个。怎样才能使美英联军士兵尽快熟悉数量如此多的通缉对象，并做到过目不忘呢？"重复"无疑是最好的方法。但如果发给士兵每人一摞资料，相信没几个人会有耐心去"啃"。而扑克牌正是驻伊美英士兵枯燥生活中的消遣娱乐工具，将通缉的对象印到扑克牌上，不仅携带方便，还"寓缉于乐"，自然可以最大限度扩大通缉效果。那么，想出这个"天才想法"的人是谁呢？

据美国"广告时代"网站报道，这个创意并非出自五角大楼情报人员，也不是某著名广告公司，而是一名叫斯普林斯顿的年轻印刷工人。据称，美军一开始想到的通缉伊高官的办法相当传统，是以普通传单和通缉令的形式在伊拉克大量投放，这一任务交给了斯普林斯顿工作的那家印刷厂。这种普通通缉令的缺点是如此明显，以至于由于印刷工作量太大，工人们加班加点还忙不过来。

创新者和普通人的区别之一就是看到同样的问题会产生不同的联想。繁忙工作之余，工人们经常打打扑克来放松。那天，斯普林斯顿在打牌时突发灵感：何不把这些通缉对象都印到牌上，这样既有利于携带，又方便重复记忆。于是，他立即登上美军中央司令部的网站，给负责官员发了一封邮件，讲了自己的想法。没想到，第二天就收到了回信，他的创意被采纳了。

扑克牌通缉令问世后，不仅驻伊联军士兵几乎人手一副，美军还给当地居民特别是巴格达市民分发了近百万副。不仅如此，这副特殊的扑克还受到美国国内民众的欢迎，许多人不仅用它来娱乐，还把它作为纪念品收藏或者赠送给亲友。在美国的亚马逊、ebook、ebay 等大型网站上，自 2003 年 4 月中旬到 5 月初的一段时间内，每天都要卖出上万副这样的扑克牌，每副售价在 5 美元左右，如果多买，还能便宜。

2.6.5　灵感思维的应用与自我训练

可以考证，在任何重大的发现、发明中，都有灵感思维的影子。它很重要！

但由于灵感的不确定性，我们不禁要问：灵感思维能否像求异思维、扩散思维那样可以控制，主动加以利用呢？

灵感思维随着人类文明的发展而发展，但真正揭开它神秘的面纱，则是 20 世纪六七十年代以后的事。以前，人们都是在无意中运用了灵感思维；今天，我们要学习主动运用它！学会灵感思维，将极大地提高我们的学习与工作效率！

当你解一道难题、办一件难度较大的事儿，或准备写一篇分量较重的文章时，可以先将与之有关的知识"读"进脑子里，这就是信息输入，这儿的"读"包括看、写、听、说、形象想象等。然后你需要过一段时间想一下这件事，给大脑一个刺激，并试着想想有没有好的解决办法或好的开头，如果没有，你就不要管它，该干什么还干什么。再过一段时间，再想想。如此反复几次，你会在某次放松、转换环境时，受到某个诱因的启发，如一个新闻、一篇报道、一句话、一个动作等，灵感会不期而至，"有了！"你不禁惊呼——解题的思路或文章的开头或问题的解决办法，是那么清晰地展现在你的眼前！

下面该干什么了？

赶快拿笔记下来！——正确，并顺势完成它！

下面我们一起来总结应用灵感思维的程序。

（1）确定问题，明确目标。

（2）收集信息，输入大脑。

（3）不断刺激，不断思考。

（4）转换环境，及时记录。

灵感思维训练

训练题目需要你自己出，**因为若不是你心中非常想解决的难题，很难用"办法"来产生灵感**，灵感的诞生一定要有苦思冥想的过程。

故希望你结合自己的实际情况，明确困扰你的难题，试着用灵感思维加以解决吧。请把你希望解决的难题写在下面：

_____

_____

提示

坚持应用，必有收获！

第3章 创新的方法

"一些陈旧的、不结合实际的东西，不管那些东西是洋框框，还是土框框，都要大力地把它们打破，大胆地创造新的方法、新的理论，来解决我们的问题。"

——我国著名科学家、地质学家李四光

什么是 BS 法？什么是 635 法？初学者最容易掌握的方法是什么？最早的一张检核表是什么样的？移植法有几种原理？组合法有几种具体操作方式？

3.1 20 世纪最大的发明

3.1.1 什么是 20 世纪最大的发明

20 世纪有太多的科学发明，它们改变了我们的世界，让我们的生活更加丰富多彩。倘若问 20 世纪最大的发明是什么呢？

答案是**发明了创新的方法**！

为什么方法这么重要，方法的价值又在哪里呢？

笛卡儿说过："最有价值的知识是关于方法的知识。"这是因为，**方法不仅仅可以提高个人的学习和工作效率，达到事半功倍的效果，而且更重要的价值在于能够复制成功**！

请想想你最初学打乒乓球的体验，在没学发球方法和技巧之前，我们发出去的球基本不具备任何攻击力。一旦学了有关的方法，我们并没有增加用力，但却可以让它随意旋转或具备其他攻击力。这就是方法的魔力。

创新的方法亦同样如此。通过应用方法，就能诱发人们潜在的创造力，使长期以来被人们认为神秘的、只有少数发明家或创新者所独有的创新设想，为每一个普通人所掌握。

所谓创新的方法是指创新活动中带有普遍规律性的方法和技巧。它是通过研究一个个具体的创新过程，比如创新的题目是怎样确定的、创新的设想是怎样提出的、设想又如何变成现实等，从而揭示创新的一般规律和方法。

但在这里必须指出的是：尽管方法是非常重要的，但从某种角度来说，方法也是一种框框！因此，我们既要学习方法，又不能受方法的限制。换句话说，就是要在学习、运用的基础上，对方法加以灵活应用，同时，当一种方法成为创新的阻碍时，就要勇于对方法本身进行创新，寻找适合创新发展的新方法。

3.1.2　创新方法的分类

创新的方法首先在富于创意的美国出现。

1906 年，美国的普林德尔在《发明的艺术》一文中，通过发明案例介绍了发明者们日常不自觉使用的各种发明方法，最早提出了对工程师进行创造力训练的建议，并以实例阐述了一些改进及创新的技巧和方法。这基本上是能找到的、最早的探索创新方法的文章。

1931 年，内布拉斯加大学教授克劳福德发表了《创造思维的技术》一文，提出了列举法，并在大学讲授，这个方法至今仍然是受到广泛欢迎的方法。同年，还有一位专利审查人罗斯·曼在其为取得博士学位而完成的著作《创造发明者的心理学》中，专门写了发明方法一章。

1938 年，被誉为"创造方法之父"的奥斯本总结出了现在非常著名的"头脑风暴法"，并取得应用的成功。为推广这种方法，他撰写了一系列著作，如《思考的方法》《所谓创造能力》《创造性想象》等，并深入到学院、社会团体和企业，组织大家学习和运用这些方法。现在，这种方法已经作为一种最常用的方法普及到了全世界。

之后，先后有不同的人创造了各种各样的创新方法，到目前为止，已经达到 340 种之多，但常用的方法大概只有十几种。

如此多的方法，我们必须有选择地进行学习。法国生理学家贝尔纳说："良好的方法能使我们更好地发挥运用天赋的才能，而拙劣的方法则可能阻碍才能的发挥。因此，科学中难能可贵的创造性才华，由于方法拙劣可能被削弱，甚至被扼杀；而良好的方法则会促进这种才华的施展。"

本书属于一本普及性质的读物，因此一些主要用于高端科技研发的方法就没有收录进来，而是选择了 7 种用途最广泛、最实用的创新方法。

创新的方法有多种分类法。我认为如何分类并不重要，所以推荐给大家一种简单的分类法：即分为两大类，一类是解决"要创新什么"，也就是如何进行创新的选题，如何提出问题；另一类是解决"怎样去创新"，也就是怎样提出创新的设想和解决问题的方案。

第一类方法叫"选题的方法"，第二类叫"构思的方法"。 随后介绍的 7 种方法中，缺点列举法和希望点列举法都属于"选题的方法"，而后 5 种都属于"构思的方法"。

3.1.3 精彩案例 图书馆搬家的故事

大英图书馆老馆年久失修，在新的地方建了一个新的图书馆，新馆建成以后，要把老馆的书搬到新馆去。

右图是大英图书馆的照片。

这本来是一个搬家公司的活，没什么好考虑的，把书装上车，拉走，运到新馆即可。

问题是按预算需要 350 万英镑，图书馆没有这么多钱。眼看雨季就要到了，不马上搬家，这损失就大了。

怎么办？馆长想了很多方案，但都不太好，这让他一筹莫展。

正当馆长苦恼的时候，一个馆员找到他，说有一个解决方案，不过仍然需要 150 万英镑。

馆长十分高兴，因为图书馆有能力支付这笔钱。

"快说出来！"馆长很着急。

馆员说："好主意也是商品，我有一个条件。"

"什么条件？"

"如果150万英磅全部花完了，那权当我给图书馆做贡献了；如果有剩余，图书馆要把剩余的钱给我。"

"那有什么问题？350万英磅我都认可了，150万英磅以内剩余的钱给你，我马上就能做主！"馆长很坚定地说。

"那我们来签个合同。"馆员意识到发财的机会来了。

合同签订了，不久就实施了馆员的新搬家方案。而150万英磅连零头都没有用完。

原来，图书馆在报纸上刊登了一条惊人消息："从即日起，大英图书馆免费无限量让市民借阅图书，条件是从老馆借出，还到新馆去。"（注，刊登这则消息的是《泰晤士报》）

很多时候，我们把事情想成当然，总以一种模式去思考，但很多事情往往会有更好的解决方案或处理办法，这就需要我们要多多想办法了！

3.2 列举法

例1

双插口插座

2018年是中国改革开放40周年。40年来，不但我们的国力增强了，而且有越来越多的企业走向了世界。但是，客观地说，中国的企业家们是在向世界著名企业家学习的过程中逐渐成长起来的。

据分析，影响中国的有七大著名商业偶像分别是松下幸之助、皮尔·卡丹、李·艾柯卡、杰克·韦尔奇、安迪·格鲁夫、比尔·盖茨和沃伦·巴菲特。

下面重点说一下松下幸之助。先看一个他早年的故事。

1894 年，松下幸之助出生在日本一个贫寒的家庭里。正像一些朋友了解的那样，又瘦又小的他九岁起就开始打工养家。后来，他凭着一项发明开创了自己的事业。这项发明和我们将要介绍的方法有关系，它就是双插口插座。

在松下幸之助那个时代，电源的插口只有一个，也就是说点上电灯就不能干别的，比如熨衣服就不能干了，人们使用起来很不方便，但大家觉得这很正常，是理所当然的，没有人着手进行改进。

勤奋好学的松下幸之助很快就注意到了这个缺点。

优秀的人总是善于看到普通人看不到的问题和缺点！

于是他开始动脑筋、想办法：怎样才能克服这种不便呢？经过反复思考和实验，他终于发明了双插口插座，有效克服了以前电源插座的缺点，赢得了巨大的市场。

"为什么呢？怎么你会那么想呢？"松下幸之助经常这样问别人。正是他这种处处留心看到事物的不足和缺点，才使得他做出了许许多多电器方面的创新，而这些创新也成就了他的事业。

因此，松下幸之助被誉为"经营之神"。

1978 年 10 月，邓小平访问日本，期间专程参观了松下电器的产品展览室，双画面电视机、高速传真机、录像机、立体声唱机、微波炉……这位阅历丰富的领导人被琳琅满目的现代化产品深深吸引并为之震憾。在国际市场上，出自日本的电子产品曾风靡一时、举世无敌。

1979 年 6 月，松下幸之助来访中国。从而引发了以松下公司为首的一轮日本公司投资中国的热潮，日本产品也如潮水般涌向中国。

3.2.1 什么是缺点列举法

一般来说，创新者总有做不完的课题，不过对于初学者，可能会遇到"不知道创新什么"这样的问题。

缺点列举法可帮助你选题，它属于选题的方法，且是一种易于掌握、被广泛采用的方法。

你一定要牢牢地记住："**任何事物都不完美，都是没有完成的创新！**"，这不但是我们进行创新的前提，也是缺点列举法存在的前提。

所谓缺点列举法，是通过对已有的、熟悉的事物进行深入分析，在对其缺点一一列举的基础上，找出相应的解决方案，从而完成创新的方法。

这种方法很简单，但有个应用前提，那就是要"**常见生疑**"。

《三十六计》的第一计叫"瞒天过海"，其意为"备周则意怠，常见则不疑"，说的是认为防备十分周到的时候就容易松懈斗志，麻痹轻敌；而对于平时看惯了的事物，就习以为常，不再怀疑了。

对于创新来说，常见不疑的心理也极大地影响了人们的创新活动和创新效果。带着这样的心理就很难看到事物的"问题"，而问题意识的缺乏，恰恰是创新的首要敌人。看不到问题，久而久之，人们就容易形成思维的定势，很难突破。

"别人也是同样啊"，"这是专家定了的"，等等，诸如此类的话语都是思维定势的表现。

缺点列举法可以帮助我们突破"问题感知障碍"，启发我们发现问题，找出事物的缺点和不足，从而有针对性地进行创新和发明。

例2

再谈插座

图 a 是某五星级酒店房间内所用的插座。

这个插座做得很精致，质量很好，安全性也很高。

请你回忆，这个插座的样子是不是跟我们家里或者工作单位用的插座长得差不多？我们对长成这个模样的插座

图a

似乎已经习以为常。

下面要提问了：这样的插座有缺点吗？都有什么缺点？

估计每个人都会从自己的角度提出这个插座的缺点。我自己提出的缺点是：两相插口和三相插口之间的距离留得有点短，以至于两相插头和三相插头不能同时使用，图 b 就是此类插座的使用情况。

图 b

这个缺点等于让这个插座的使用效率降低了 50%！

下面咱们体会一下创新思维。请看本案例中的图 c，这是瑞士 ABB 公司的插座。

你一定看到了思维创新带来的结果。暂时先抛开成本不说，ABB 公司的这个插座更能满足消费者的使用需求。

图 c

在这里我们想再次强调的是：**真正的创新都是基于要创造客户价值的！**那么怎样才能创造客户价值呢？答案是：一定要围绕一个中心进行——"消费者需求"！对于企业来说，要站在消费者的立场上，切实改进产品的缺点，能进一步满足消费者的需求，这样才能取得市场的认可，带来可观的效益。

例3

白加黑

每年全国的感冒药市场大约有 100 亿元的销售额。其中一个著名的牌子叫白加黑。为什么这么多年来白加黑一直畅销不衰呢？

根本原因在于它克服了以前吃了感冒药就犯困的缺点，做到了白天不困，晚上睡得香，满足了消费者的需要。

缺点列举法由于是对现有事物的革新，因此基本属于有中生无型的创新。这种方法用得好，也能产生创新程度非常高的设想。

3.2.2 缺点列举法的训练步骤

（1）选定某项事物。有形的、无形的、工作的、生活中的均可。

（2）运用创新思维尽可能多地列出现有事物的各种缺点。

（3）找出急需解决的1~2个缺点。

（4）围绕主要缺点，应用各种创新思维尽可能多地提出解决方案。

（5）从众多的解决方案中选出一个最佳方案加以实施。

缺点列举法可以用于个人，也可以用于团队，可以和BS法（本章有叙述）有效结合，效果会更好。

在训练过程中，需要说明一个问题是：对于初学者来说，到底从哪里入手寻找事物或产品的缺点呢？有些朋友可能会对此感到茫茫然。下面给出几个找缺点的思路，供大家参考。

思路一：从事物的功能和用途入手。

例如，右图中的水笔是市场中销售量很大的一种产品，它的基本功能是书写。但是在没有灯光的黑夜中，书写功能就不能实现。这就是个很大的缺点呀！

因此，人们在水笔的另一端加上了一个小灯，从而给夜间在野外工作的人（像野战部队）提供了极大的方便。

再比如说，水笔还有一个缺点，就是天气很冷时会影响书写，因为里面的墨水被"冻住"了。于是有人想到了增加一个保温层，来解决这个问题。

还有，你还可以找到水笔"莫须有"的缺点。比如，人们用它来写字，但这个字是否是用正确的握笔姿势写出来的，水笔却管不了，对于刚学写字的儿童来说，这很重要，所以还可以给水笔增加一个正确的握笔姿势功能，也就是说它同时是个握笔器。

……

思路二：从事物的构成入手，比如结构、材质、制造方法等。

现有的材质和结构需要改进吗？笔杆、笔帽、笔芯、笔珠、墨水、弹簧等？笔帽不是很容易丢掉吗？

现有的材质有哪些缺点呢？还可以选择哪些材质？塑料、竹子、木头、钢、不锈钢、磁铁、铝或者用纸？

……

思路三：从对事物的描述方面入手，比如色彩、造型、长短、轻重、大小等。

现有的水笔颜色需要改进吗？为什么不多生产些深绿色的、对眼睛有保护作用的水笔呢？造型单调吗？可以改进成哪些样子的？

……

另外，学习创新的过程中，要养成两个好的习惯：一个是要随时持批判的眼光，尤其是遇到一个新事物时，更要增强问题意识；

二是要随时记录，一般来说，对事物的认识，包括发现它的缺点，提出改进方案，都可能有个过程，思想的火花可能随时出现，因此，要及时记录下来。

下面再看一个例子。

例4

让孩子的鞋跟着孩子的脚一起长大？

常规思维认为，孩子的脚在不停地长大，而孩子的鞋却不会长。

创新思维下，难道不能让孩子的鞋随着孩子的脚一起长大吗？

据 2009 年 2 月 2 日 CCTV《第一时间》报道，给正在长大的孩子买鞋是一件让家长非常头疼的事。鞋子没穿多久就小了，买鞋的速度怎么也赶不上

小脚丫长大的速度。不过，最近，德国科学家的一项发明让这个问题迎刃而解。(如右图)

近日，德国科学家米勒的研究小组发明了一种可以长大的鞋子。

研发人员说，目前70%的儿童穿的鞋子都太大了，因为父母总是喜欢给孩子买大一号的鞋，以便让他们能多穿些日子。孩子们穿着并不合脚的鞋子走路，就会不由自主地改变走路姿势，从而引发足部的发育问题。为了解决这个问题，他们发明了这种"会长大"的鞋子，这种鞋可以随着孩子脚的长大，慢慢延伸，最多增加两厘米的鞋长，从而解决了孩子的脚长得快、买鞋难的问题。由于相关专利仍在申请中，研发人员对鞋子的具体细节一直高度保密，唯一可以透露的消息是：这种神奇鞋子的定价将不会高于普通鞋子。

多留心工作、生活中这样的"缺点"吧，因为任何事物都不完美。不过，有人提出过这样的问题：如果有些缺点，利用现有的管理技术等手段还是无法克服，那该怎么办呢？下面再通过一个例子来参考一下思路。

例5

"农夫果园"的创新思维

果汁型饮料其实有个非常大的缺点，且在技术方面也不好解决，就是果汁沉淀和分层。"农夫果园"也不例外，而且在多次攻关之后效果不大。

常规思维下，一般的企业都会选择淡化这个问题，所以大多在饮料瓶子底部小小的写一句话：果汁有沉淀属于正常，喝前摇匀即可。

大家也习以为常。

在创新思维下，干脆把缺点当特点！于是，"农夫果园"的经典广告语是："喝前摇一摇"！

3.2.3 什么是希望点列举法

人们希望能像鸟儿一样自由地飞翔，所以才有了达·芬奇的飞机初稿，才有了莱特兄弟（Wright Brothers）发明的第一架飞机；人们希望能乘坐无人驾驶汽车，于是有了 1925 年 8 月，人类历史上第一辆无人驾驶汽车的正式亮相，尽管它是被无线电波遥控的；人们希望探索宇宙，把地球的邻居乃至更远的太空了解清楚，所以有了宇宙飞船、空间站，有了加加林、杨利伟。

"希望"这两个字带给人类无尽的创新动力！人类社会之所以能不断前进，主要是不满足现状的人们充满着对未来的希望，对美好前景的向往。

将模糊的希望具体化后就称为"希望点"。**希望点列举法就是将各个希望点进行列举、归纳和概括，使之成为可供创新者选择的创新课题，并在此基础上完成创新的方法。**

希望点列举法是一种简便有效的创新方法。相比较于缺点列举法，它的应用范围和领域更广。缺点列举法是把已有的事物作为创新选题的对象，故而思维受到已有事物的限制而显得比较被动。

而希望点列举法既可以用于已有事物，也可以用于尚未出现的事物，故这是一种主动型的创新方法。当它用于已有事物时，比缺点列举法更为便捷，甚至可以跳过缺点列举而直接进入希望点列举。也就是说，只要你怀着希望，是很容易提出并确认创新的课题的。

不过，需要说明的是，**希望点列举不等同于幻想**。希望点是基于科学的基础、有市场价值的预测及可行性的技术的。如果缺乏以上几点，希望就停留在幻想阶段。

例 6

共享单车

很多人都觉得"解决最后一公里"的无桩共享单车的主意很棒，不仅低碳环保，也给我们的生活带来了许许多多方便！

共享单车在中国的走红完全基于一个希望点。在我们出行不方便的时候，随时随地能有辆自行车骑该有多好！

基于之前世界上及国内各地都是采用

有桩自行车的方式提供公共租赁服务，显而易见这很不方便，于是最早的 ofo 团队提出无桩、共享的模式，很快受到资本的追捧，乃至火遍全国。

例 7

比尔·盖茨的百科全书

童年的比尔·盖茨从《世界图书百科全书》中获得了大量的知识，后来他发现了这种百科全书的不足之处。

他说："笨重的书卷里仅包含文本和插图，它能够说明爱迪生的留声机外观怎样，却不能让我听听它刺耳的声音。它有毛毛虫变成蝴蝶的照片，却没有图像将这一变化栩栩如生地呈现出来。如果它能就我所读的内容进行检测，或它的信息能够与时代同步，那真是锦上添花。当然，那时我并没有意识到它的这些缺点。尽管如此，我还是很喜欢这部百科全书，并坚持读了五年，一直读到上中学。"

后来，他的想法在 30 年后成为现实：他的微软公司所编制的 Encarta 软件就呈现在一张小小的光盘上，第一版就收有 2.6 万个词条、900 万字的文本，还包括总共 8 小时的声音、7 帧 1000 幅照片、800 幅地图、250 张图表和表格、100 多张动画和视频录像。把这张光盘放进一台多媒体家用电脑，就可以图文并茂地享用这部非凡的百科全书。

3.2.4　希望点列举法的应用步骤

（1）选定某项事物或确定某方向。有形的、无形的、工作的、生活的均可。已有的事物及未有的事物都可以。

（2）运用创新思维尽可能多地列出能想到的所有的希望点。

（3）找出最有价值、最需要满足的 1~2 个希望点。

（4）围绕主要希望点，应用各种创新思维方式尽可能多地提出解决方案。

（5）从众多的解决方案中选出一个最佳方案实施。

希望点列举法可以用于个人，也可以用于团队，可以和 BS 法（本章有叙述）进行有效的结合，效果会更好。

很多时候，希望点甚至能成为信念，以至于我们能根据这个信念不断进行创新。

例 8

约尔马·奥利拉曾创造的奇迹

2019 年 2 月 19 日，是农历正月十五，也恰逢一年中第一个月圆之夜。网友们在过节的同时也惊奇地看到，小米公司的雷军和华为公司的余承东前后之差两分钟，都在微博上发表了用自家即将发布的手机拍摄的月亮照片，如图 a 所示。图中左边的小月亮是小米手机拍摄的，右边的大月亮是华为手机拍摄的。

图 a

毫不夸张地说，拍照已经成为目前手机的核心功能之一。可是我们想问：是谁第一个给手机设置拍照功能的呢？

带来这项创新的既不是小米也不是华为，是诺基亚。（如图 b 所示）

诺基亚手机自 1996 年起，连续 15 年占据手机市场份额第一的位置，直到 2012 年被三星超过。而诺基亚正是凭借了无数个第一才赢得了这样的辉煌：

图 b

通过芬兰诺基亚 Radiolinja 网络实现了首次全球通对话；

推出了全球首款 GSM 同时也是全球首款可以收发短信的手机；

用诺基亚打通中国大陆首个 GSM 通话；

推出首款同时支持简、繁体中文短信的移动电话，也是最早的自动滑盖手机；

第一款内置游戏的手机，其内置的贪食蛇、记忆力、逻辑猜图三款游戏，不仅成为后来几年里诺基亚手机的招牌游戏，也是手机游戏的开端；

推出首款支持彩壳更换的手机，它使手机从通信工具变为老百姓的时尚消费品；

推出全球第一款金属质感手机；

推出首款双频手机；

首次给手机加上摄像头；

第一个推出手写输入；

首次推出彩屏手机；

推出首款支持 WAP 的 GSM 手机，它的出现标志着手机上网时代的开始；

首款推出内置硬盘的手机。

……

相信大家凡是用过诺基亚手机的朋友都对其良好的质量怀有美好的回忆。

诺基亚之所以能取得如此的成就，跟其当时的领导人有很大关系，他就是约尔马·奥利拉。约尔马·奥利拉在1985年加入诺基亚，1992~2006年一直担任CEO，2006~2012年担任董事长。在他在任期间，他一直怀有强烈的希望，那就是："手机不是一部分人的占有物，假以时日，全世界的所有人都会随身携带它。"

希望不仅成为他的信念，更是逐渐成为他的经营哲学。他说："为了实现所有人的网络连接，怎么办才好呢？解决方法不是电脑的桌面。能满足无论何时、不管何地、不论和谁这一条件的必须是能拿着走的东西。"

因此，诺基亚也因为一系列创新而创造了举世瞩目的奇迹。令人惋惜的是由于随后营销策略的失误而导致诺基亚逐渐走了下坡路。

例9

"他的头像应该被印在20美元的正面"

1969年美国汉华银行位于纽约的洛克维尔分行开业时发布了一则广告："我行将于9月2日早上9点正式营业，但此后永不打烊。"什么，银行永远不关门？没错，因为他们安装了Docutel公司卖出的第一台ATM。

ATM，也就是自动柜员机，尽管现在手机银行、网上银行、移动支付已经普及到世界各地，但ATM依然被称为20世纪最重要的金融发明。

对于这项发明，美国人评价道："无论是谁发明了ATM，他的头像都应该被印在20美元的正面。"英国媒体评价称："自动柜员机给我们的经济生活带来了一场革命，使我们向一个24小时自助式消费社会转化。"

ATM就是因为人们不堪忍受到银行取款时的排队之苦而研制的。那么，是谁率先发明了ATM呢？

右图是早期的一款 ATM 机的照片。尽管 ATM 改变了现代社会人们的消费习惯，但其创造者却没能像爱迪生们一样因一件伟大的产品而青史留名。一直以来，关于谁是自动柜员机的发明者流传着许多不同的版本，不过普遍被公认的是唐·维泽尔。

1968 年的一天中午，维泽尔趁午休时间去公司附近的一家银行取款，谁料那天银行里排起了长队，这令维泽尔十分焦虑，担心自己不能准点回去。那时美国银行的汇兑支票、收提现金、咨询账目等业务都要出纳员经办。维泽尔希望："出纳员做的事情为什么不能用一台机器来做呢？"

随后他把自己的想法告诉了公司，并建议公司生产这种能代替出纳员的机器。维泽尔所在的 Docutel 公司采纳了他的建议，并对这个项目投资了 500 万美元，同时让维泽尔和其他几个工程师共同负责这个项目。1969 年，第一台真正意义上的 ATM 机走下了流水线，它不仅可以用来提款，还可以用以存款和转账。

1973 年，Docutel 公司有先见之明地申请了专利，这使得 Docutel 公司以及维泽尔成为今天有法可查的 ATM 之父。

让我们还回到 1969 年。当时 ATM 并没能帮助汉华银行洛克维尔分行在当地打开市场，因为在那时的纽约人看来，机器似乎并不足以让人信任，毕竟这关系到自己的钱财。

真正让 ATM 广泛伫立于纽约各地进而世界各地的是花旗银行和一场特大的暴风雪。时任花旗银行掌门的沃斯通看好 ATM 的未来，他投入了 1.6 亿美元使花旗银行的 ATM 覆盖整个纽约。不过有意思的是，在花旗银行的 ATM 之前，另一样东西提前覆盖了纽约——1978 年末的一场暴风雪。市民们不愿在这种天气里去银行排长队，花旗银行又恰到好处地发布了广告，ATM 就从这场暴风雪后开始深入人心了。

至今，ATM 的足迹已遍及南北两极，而 DIY 的交易过程已经成为城市生活最重要的标志之一。

3.2.5 精彩案例 安装在楼外的火灾逃生电梯

高楼发生火灾时的逃生问题一直是个困扰大家的棘手问题。一旦高楼失火，就不能再乘坐电梯，况且失火后电梯也因为切断了电源而不能运行了。

这是个大缺点。同时人们也希望，要是发生火灾时依然能坐电梯逃生就好了！

韩国公司 Neri-Go 推出了个人电梯式紧急疏散系统，名字叫 Nerigo，即**火灾紧急逃生电梯，**一经推出就立刻吸引了全世界网友的目光，如右图所示。

这款火灾逃生电梯之所以被认为是个好主意，是因为它不仅安装在楼外的阳台上，而且不使用电力，只要人踏下踏板电梯就会因为重力而下降。这款电梯没有轿厢也没有门，是一种逐层逃生且简易可重复使用的电梯。

当然，这款电梯只有 60 平方厘米的踏板，最多一名成人和一名儿童同时使用。

据 Nerigo 官网介绍，这款产品十分稳定，而且下降速度取决于乘坐人的体重，对于不方便使用逃生楼梯的老年人和残疾人来说，这是一种不错的选择，当然了要使这款产品能稳定地为人们服务，必须要正确地维护它才行。

3.2.6 自我训练

在 2019 年 MWC(世界移动通信大会，也称巴展) 开幕的前一天，也就是 2019 年 2 月 24 日，华为在巴塞罗那发布了首款 5G 折叠屏手机 Mate X，售价

2299 欧元 (约 1.75 万元)，采用外翻设计，兼具手机和平板两种形态。闭合后是 6.6 英寸大屏手机，展开后是 8 英寸平板，厚度为 5.4 毫米（如下图所示）。Mate X 的发布也为 MWC 引来了一波高潮，人们不禁要问，手机是否迎来了折叠屏时代？

　　首先以你正在用的这款手机为创新对象。其次，建议你以上述华为的折叠屏手机为创新对象。

　　先使用缺点列举法来找缺点，根据缺点列举法的步骤逐一进行。其次再使用希望点列举法列举出所有的希望点，按照希望点列举法的步骤进行即可。

　　看看能产生哪些创意？

3.3　检核表法

3.3.1　什么是检核表法

　　我们先来看看什么是检核表。

　　所谓检核表，就是围绕需要解决的问题或者创新的对象，把事物规律性的东西提炼之后，采用提问的方式，按照顺序把问题一一罗列出来，从而形成一张促进旧思维框架突破，引发新思维产生的一张表格。

　　所谓检核表法，就是运用制作好的检核表，对问题或创新对象进行设问，从而诞生新设想或提出新的解决方案的方法。

　　检核表法几乎适用于任何类型与场合的创新活动，不但如此，一旦检核表制作好了，可以反复使用。

　　需要注意的是，检核表在制作过程中，一定要注意科学性、规律性以及能引发思维突破这三个问题。世界上也有很多成熟的检核表，可以拿来即用。

先来看一张普通的员工管理及做好员工思想工作检核表。

员工管理检核表

（1）员工有哪些想法、哪些情绪、哪些要求？

（2）为什么会有这些想法、情绪和要求？

（3）多少人有？什么时候有？哪些人有？

（4）产生这些想法、情绪的原因是什么？

（5）怎样解决？有几种解决方案？哪种最好？

（6）谁来解决？有什么经验教训？

（7）类似的情况还有么？能否把坏事变成好事？

管理者可以根据上面的检核表，在不同时期反复运用，以达到引导思路、创造性地解决问题的目的。

3.3.2 世界上第一张检核表——奥斯本检核表

目前，在不同的领域流传着许多检核表，但知名度最高的还是要属奥斯本的检核表，而且后来许多的方法都来源于这张表，因此享有"创新方法之母"的美称。

虽然奥斯本检核表是围绕产品设计进行的，但也可广泛适用于各个领域。下面是奥斯本检核表的内容：

（1）现有的东西有无其他用途？保持原状不变，能否扩大用途？稍加改变，有无别的用途？运用扩散思维的方法，想方设法广泛开发它的用途。

夜光粉是一种用量少、用途不算广的发光材料，过去多用于钟表和仪表上。后来人们扩大了它的用途，设计出了夜光项链、夜光玩具、夜光壁画、夜光钥匙扣、夜光棒等，应有尽有。还有人制成了夜光纸，将其裁剪成各种形状，贴在夜间或停电后需要指示其位置的地方，如电器开关处、火柴盒上、公路转弯处、楼梯扶手上等。

（2）能否从别处得到启发？能否借用别处的经验和发明？过去有无类似的

东西可供模仿？谁的东西可模仿？现有的发明能否引入其他的创造设想之中？

建房时，要安装水暖设备，经常要在水泥楼板上打洞，既慢又费力。山西省的一位建筑工人设想用能烧穿钢板的电弧机来烧水泥板，经过改造，发明了水泥电弧切割器，在水泥上打洞又快又好。

再例如，泌尿外科医生在泌尿科中引入了微爆破技术消除肾结石，就是借用了其他领域的创新。

（3）现有的东西是否可以做某些改变？改变一下会怎样？可改变一下形状、颜色、音响、味道吗？是否可能改变一下型号模具或运动形式？……改变之后，效果如何？

1898年，亨利·丁根把滚柱轴承中的滚柱改成了圆球，发明了滚珠轴承，大大降低了摩擦力。

（4）现有的东西能不能增加一些东西？能否添加部件、拉长时间、增加长度、提高强度、延长使用寿命，提高价值或加快转速？

在两层玻璃中间加入某些材料，就制成了防弹、防震、防碎的新型玻璃。

五年级学生贝明纲在半导体收音机上加装一个磁棒，研制成了无方向半导体收音机。

（5）缩小一些怎样？现在的东西能否缩小体积、减轻重量、降低高度，使之变小，变薄？能否省略，能否进一步细分？

1950年荷兰的马都洛夫妇为纪念他们死在二战纳粹集中营的爱子，投资以与实物1∶25的比例将荷兰典型城镇缩小建成世界上第一个小人国"马都洛丹"（madurodam），从而开创了世界主题公园的先河。中国率先采用这种形式的公园是深圳的"世界之窗"和"锦绣中华"。右图为"锦绣中华"中的布达拉宫。1989年"锦绣中华"

的开幕为中国大陆园林的发展提供了一种新的方向，也为旅游业的发展提供了一种新的手段，其惊人的游人量和巨大的收益彻底打消了许多人对这种新形式

的疑虑。一时间各地纷纷效仿。

微型电脑、折叠伞、袖珍词典、迷你汽车等，均是微缩后的产物。

但我们要说了，持久的效果来自于创新，纯粹的模仿只能是暂时的成功。

（6）可否用别的东西代替？能否由别人代替，用别的材料代替？用别的方法、工艺代替？用别的能源代替？可否选取其他地点？

瓶盖里过去是用橡胶垫片，后改为低发泡塑料垫片。据统计，仅吉林省一年就可以节约橡胶520吨。

（7）有无可互换的成分？可否变换模式？能否更换顺序？可否变换工作规范？

重新安排通常会带来很多的创造性设想。房间内家具的重新布置；商店柜台的重新安排；营业时间的合理调整；电视节目的顺序变动；车间机器设备的布局调整……都可能导致更好的结果。

（8）上下是否可以倒过来？左右、前后是否可以对调位置？里外可否对换？正反可否倒换？可否用否定代替肯定？

这是一种运用反向思维的发明创造技法。小学生一般是先识字后读书，黑龙江省有三所小学的语文课，倒过来，先读书后识字，在读书过程中，遇到不认识的字，用拼音标注。实验结果表明，二年级的学生识字、阅读、写作水平均超过了三年级学生。

（9）组合起来怎样？能否装配成一个系统？能否把几个目的进行组合？能否将各种想法进行组合？能否将几个部件进行组合？

南京某中学生利用组合的办法，发明了带水杯的调色盘，并将杯子做成伸缩的固定在盘的中央。用时拉开杯子，不用时倒掉水，使杯子收缩。

组合法还会专门有一个标题展开，这里不再详述。

3.3.3 检核表法的应用步骤

为了把奥斯本检核表学得更好一些，更实用、方便地指导我们的生活工作，可以把其中那么多的设问项选择几项，进行反复练习，使之成为我们的"家传秘方"，做到得心应手。

除了这张奥斯本检核表的练习之外，更重要的是我们要学会自己编制检核表。也就是说，当遇到问题时，尤其是遇到同类的问题时，可以通过检核表来迅速找到解决问题的思路。

在练习使用和制定检核表的过程中，有两个问题很重要，那就是问题意识和想象力。若没有这两点，检核表的设问只是简单的语言启示，不可能产生广泛的联想，也就会降低创新的价值。

一定要睁大你的眼睛，把问题找出来！

检核表的制定程序如下：

（1）明确所要解决的问题；

（2）收集与问题相关的各种资料和信息；

（3）找到解决问题的一般思路和步骤；

（4）运用扩散思维、求异思维等提示可能的设想方案；

（5）列出相关的检核表。

下面再介绍几种检核表。

之一：适用于创新学习的检核表

（1）对不对？（判断性思考）

（2）是什么？（叙述性思考）

（3）为什么？（叙理性思考）

（4）还有什么？（扩散性思考）

之二：优秀员工检核表

（1）在单位上班时，我是否尽了最大努力？

（2）某件工作的程序、做法有需要改进的地方吗？

（3）我在工作中得到了些什么经验？

（4）上级交给我的工作，我是否都完成了？

（5）工作以外，我学到了什么新东西？

（6）为了提升工作能力，我应该参加什么补习班？

之三：卡耐基自省检核表

（1）我是不是比规定的时间提早五分钟起床？

（2）我到办公室时，有没有把一天要做的工作计划好？

（3）我是否依照工作计划完成工作，有没有比规定的工作时间做得快些？

（4）工作的效率和时间是不是成反比例（工作多，时间少；还是工作少，时间多）？

（5）今天的晚餐是不是比平常应该丰富些，因为今天我已经获得了收益？

（6）我和别人谈话的时候，是不是应该使他对我更亲切？结果如何？

（7）怎样去和反对我意见的人和好？成绩怎样？

（8）今天有多少空闲的时间，我怎样度过它？

（9）今天做什么运动？要注意哪些方面？

（10）检阅昨天的日记，有没有应改进的行为？改进了没有？

卡耐基说："你每天早上读一遍，再去做你的工作，到晚上再读一遍，瞧瞧你这一天中有没有取得进步。然后你再把结果记录下来，实行半年或一年后，你一定会取得惊人的成绩！"

之四：如何做好领导者检核表

（1）在紧张的情况下，你在表达自己的意见时，会避免采用粗暴、责骂、不当的字眼和语气吗？

（2）你跟上级、下级、同事都可以保持亲切、友善的关系吗？都能保持"一副面孔"吗？

（3）你能随时接受应得的批评吗？

（4）你能与别人分享荣誉吗？

（5）你经常可以让别人在需要与你磋商的时候来见你吗？

（6）当你无求于他人时，你能尊重对方吗？

（7）你能体谅别人的时间安排、工作负荷，并尽量不打扰别人正常的工作吗？

（8）当你在场时，别人是否感到舒服？

（9）你对员工作过无法兑现的承诺吗？

（10）在被别人激怒时，你能镇定、沉着吗？

（11）你能尽量避免在员工的下级在场时对其进行"申斥"吗？

（12）你能经常及时地向下级通报自己的想法和计划，以增进信任吗？

（13）你能经常注意给别人提供能带来满足感的工作吗？

（14）在工作中，你能设身处地地为他人着想吗？

（15）在查处别人过失，并采取某些措施前，你能耐心地听取犯错人的解释吗？

（16）你愿意同别人共享你的资料和信息吗？

请开始编制并使用这些检核表吧！

3.3.4　精彩案例　国外 20 个走心设计

国外 boredpanda 网站上曾上传了一篇文章，详细整理了不同国家地区街头出现的人性化设计，在脑洞大开的同时，又方便了市民生活。

（1）地上的红绿灯，低头族的福音。

（2）护栏还可以当椅子坐。

（3）日本将淘汰掉的旧电话亭变成了迷你水族馆。

（4）设计成打字机样式的凳子，给城市营造不少艺术氛围。

（5）超级显眼的红绿灯。

（6）街道中这样的休息区域，肯定是孩子们的最爱。

（7）城市有这样设计的椅子，很有乐趣。

（8）专门为宠物准备的饮水器。

（9）街头供人随时阅读的"灯椅"。

（10）轻轻摇一下，就可以把潮湿的一面放到底部，下雨天也不用担心了。

（11）方便自行车上下行的设计。

（12）开口向外的垃圾桶，为了方便骑车的人丢垃圾。

（13）等公交再也不是一件枯燥的事了。

（14）3D 斑马线，更加吸引行人和驾驶者的注意。

（15）伪造的水坑，在这样的减速带面前谁还敢超速行驶。

（16）在楼梯中央来个日光浴吧。

（17）走心的设计，安逸的城市。

（18）方便环卫工人打扫的地下垃圾桶。

（19）再也不怕高跟鞋被卡住了。

（20）和公交站台一体化设计的自动贩卖机。

3.3.5 自我训练

请根据自己的实际情况，制定一张学习检核表，同时结合《行动手册》进行训练。

3.4 组合法

3.4.1 什么是组合法

奥地利经济学家约瑟夫·熊彼特曾指出：一多半的发明是新组合。也就是说，通过既有的东西创造出新东西，这是真理。

日本著名的创新创业专家大前研一曾讲过他自己一个早年的例子。以前的啤酒瓶子都是茶色的。大前研一在某天通过思考 TPO（时间、地点、场合）想出了物品和容器的矩阵模型，并在某杂志上写道：应该有矩阵模型那么多的铝罐。完全没有新东西，只是啤酒和铝罐的组合而已。不久，四家啤酒公司中的三家都来找大前研一，并对他说：再详细讲讲那个创意吧。因为大前研一也是星期天在卫生间里偶然才想到的，所以当被人要求讲详细点时，他也费了一番周折，但不管怎样，以此为契机诞生了眼花缭乱的铝罐啤酒。在战略自由的前提下，构思出既有东西的新组合确实很重要。

有人对 1900 年以来的 480 项重大创新成果进行了分析，发现从 1950 年以后，原理突破型成果的比例开始明显降低，而组合型发明开始成为技术创新的主要方式。据统计，现代技术创新中组合型成果已经占到了大约 60%~70%。这也验证了晶体管发明者之一的肖克莱所说的一句话："所谓创新，就是把以前独立的发明组合起来。"顺便说一下，肖克莱和另外两位专家巴丁、布拉克一起获得了 1956 年度诺贝尔物理学奖。

将两种或两种以上的事物或理论的部分或全部进行有机的组合、变革、重组，从而诞生新的产品、新思路或形成独一无二的新技术，就是组合法。

先看一组我们身边组合产品的例子。

● 牙膏 + 中药 = 药物牙膏；

● 电话 + 视频采集 + 视频接收 = 可视电话；

● 扫地机 + 传感器 + 微电脑 = 扫地机器人；

● 缝纫机 + 电动机 + 人工智能 = 缝纫机器人；

● 照相机 + 模 / 数转换器 + 存储器 = 数码相机；

● 机械技术 + 电子技术 = 数控机床。

组合创新是最常见的创新活动，许许多多的发明和革新都是组合的结晶。且不说领域与领域之间的组合（如机电一体化）以及高精尖的科技成果的诞生，单看在我们生活中，组合的产品随处可见，除了上面列举的几个之外，带笔筒的台灯、带照相机的手机、板凳手杖、带小灯的儿童旅游鞋、有计数器的跳绳、鸡蛋豆腐、带录像功能的电视机……简直多得数不胜数。

可以说，组合的思维方法和组合的技巧是创新者的基本技能。爱因斯坦也高度重视组合创新，1929 年他在为《发明家》杂志创刊号发表的题为《集体代替个人》的文章中说："我认为，为了更经济地满足人类的需要而找出已知装备的新的组合的人就是发明家。"

从另一个角度说，以互联网和移动设备为主要载体、各种传媒融合为主要特征的时代，知识纵横成网，信息瞬间万变，因此运用组合的方法更为重要。

3.4.2 组合法有几种实现方式

（1）主体附加。

例 10

给自行车加上什么？

最早的自行车没有铃铛，人们给加上了铃铛。后来，人们又给自行车装上了里程表、后视镜、折叠式货架、折叠式太阳罩，甚至安上了风扇。

请思考

自行车上还能再安装上什么呢？比如安装上小型磨面机、水泵，是否可以呢？

例 11

给钢琴加上什么？

钢琴该如何创新呢？右图是郎朗和施坦威合作的钢琴。这款钢琴在传统钢琴的基础上增加了一块白板，这样就能使音乐爱好者在弹琴的同时把心得体会或者闪现的灵感及时记录下来。此钢琴赢得了许多人的喜爱。

以上这些创新都属于主体附加。

主体附加就是在原有的事物中补充新内容，在原有的产品上增加新附件的创新方法。

这个方法有四个要点：

一是在组合创新中，主体不变或变化不大，即原有的技术思想或者产品基本保持不变。

二是附加的部分只起到补充完善主体的作用，不会导致主体大的波动。比如，电扇上增加定时器，冰箱上增加温度显示器等。

三是附加部分有两种，第一种是已有的产品（如自行车附加的铃铛、后视镜、里程表等），第二种是根据主体的情况专门设计的产品（如自行车专用雨罩、专用货物架等）。

四是附加物大都是为主体服务的，用于弥补主体的不足。

运用主体附加法时，可以首先用缺点列举法全面分析主体的缺点，之后围绕这些缺点提出解决方案，通过增加附属物来达到改善主体性能的目的。

例 12

无印良品的电饭锅

日本的无印良品在中国卖得很火。很多人早期对此品牌的产品产生深刻印象是因为它的电饭锅。在电饭锅的盖子上装有一个嵌入的搁勺架，一个小小的设计解决了一个生活中的不方便。

（2）异类组合。

两种或两种以上不同领域的思想、理论方法的组合，或两种及两种以上不

同功能的产品的组合，都是异类组合。

将物理学的原理和方法用于化学问题及化学过程的研究，就诞生了一门新学科——物理化学。

例 13

三次大组合

第一次大组合是牛顿组合了开普勒天体运行三定律和伽利略的物体垂直运动与水平运动规律，从而创造了经典力学，引起了以蒸汽机为标志的技术革命。

第二次大组合是麦克斯韦组合了法拉第的电磁感应理论和拉格朗日、哈密尔顿的数学方法，创造了更加完备的电磁理论，因此引发了以发电机、电动机为标志的技术革命。

第三次大组合是狄拉克组合了爱因斯坦的相对论和薛定鄂方程，创造了相对量子力学，引起了以原子能技术和电子计算机技术为标志的新技术革命。

爱因斯坦说过："组合作用似乎是创造性思维的本质特征。"

异类组合的三个要点是：

第一，组合对象来自不同方面，一般没有主次关系；

第二，参与组合的对象在意义、原理、构造、成分、功能等任一方面或多方面相互渗透，整体变化显著；

第三，异类组合是异中求同，相对于主体附加来说，创造性较强。

例 14

粉碎肾结石

德国人注意到了两个现象：一是"电力液压效应"，即水中两个电极高压放电时会产生巨大冲击力，能把坚硬的宝石击碎；二是在椭球面的一个焦点上发出声波，经反射后，会在另一个焦点汇集。

他们把这两种现象组合起来，发明了一种清除肾结石的方法。他们设计了一个温水槽，让患者躺在水槽中，使结石位于椭球面上的一个焦点，把电极置于另一个焦点上。经过约一分钟的不断放电，通过人体的巨大冲击波就能把大部分结石粉碎。

请思考

你认为异类组合是哪一种思维方式的运用？

（3）辐射组合。

辐射组合是扩散思维的表现形式。它是以一种新事物为中心，将其原理或结构或材料或方法等应用到多种事物中的方法。其中的新事物称为辐射源。

辐射组合的要点是：

确定辐射源后，充分运用扩散思维，从已有的信息出发，不受限制地向四周扩散，直到才思用尽。

例 15

激光产品

1960年美国青年学者梅曼根据爱因斯坦提出的"受激辐射"理论，发明了世界上第一台红宝石激光器。该激光器的特点是：高能量、高亮度、高热效应、高集中度。几十年来，人们把激光的原理与其他领域组合，形成了许多新技术，如激光打孔、激光切割、激光焊接、激光手术、激光理疗、激光测距、激光制导、激光通信、激光育种、激光唱片、激光照相、激光照排、激光武器等。

例 16

超声波的应用

超声波同传统技术相结合，形成技术辐射。见下表。

超声波的应用表

超声波与某种技术、工艺相结合	产生新技术	应用价值
洗涤	超声波洗涤器	洗涤钟表零件、眼镜等
探测	鱼群探测器	探测鱼群等
熔解	超声波熔解	可熔铝铅合金
钎接	超声波钎接	用于铝钎焊
焊接	超声波焊接	用于铝板融接等方面，变形量小
滚轧	超声波滚轧	设想中的方法，有可能开发
拉丝	超声波拉丝	用于拉丝，线材尺寸准确
研磨	超声波研磨	用于金属材料的研磨
切削	超声波切削	有多种优点
探伤	超声波探伤	用于探测金属内部的损伤
诊断	超声波诊断	用于诊断某些疾病
钻孔	超声波钻孔	宝石、玻璃、牙齿等钻孔
测量	超声波测量	用于测量深海等
检验	超声波检验	用于测定弹性模量等
烧结	超声波烧结	用于粉末冶金法烧结，可减少烧结时间
显像	超声显像	探测人体内脏切面图像
雾化	超声雾化	可将药液雾化治疗疾病

（4）同物组合。

同物组合就是相同事物的自组。

如大家知道的情侣表、情侣帽、子母灯、子母电话机，还有爱之伞（一种由两把伞组合成的新型伞，见右图），等等。

同物组合的要点是：

第一，组合的对象是两个或两个以上的同一事物；

第二，组合前后，参与组合的事物，其基本原理、基本结构一般没有根本变化；

第三，在保持原有功能和意义的前提下，通过数量增加来弥补原功能的不足，或求取新的功能和意义，而这种新功能和新意义是事物单独存在时不具有的。

同物组合的方法很简单，但很实用，用于工业及生活产品的创新，常可以产生意想不到的效果。

例 17

把订书机组合起来

我们来看一下大家都用过的一个办公及学习用品—订书机。

用订书机装订书、本、文件、票证时，常常要订两到三个钉。需要操作者按压订书机两三次。钉距、钉与纸的三个边距全凭眼睛瞅着定位。因此，装订尺寸不统一，质量差，工效也很低。福建有位青年运用同物组合的方法，将两个相同规格的订书机设计到一起，通过控制和调节中间机构，就可以适应不同装订的要求，每按压一次，即可以同时订出两个钉，也可以只出一个钉，钉距还可以根据需要进行调节。这样的订书机既保证了装订质量又提高了效率。

进行同物组合时，我们要多多观察那些单独存在的事物，如果单独的事物成双成对之后，其功能是否能得到更好的发挥，或者带来新的功能；另外，同物组合之后，能带来新的意义吗？

例 18

三双跑鞋

美国有位艺术家，竟然做出了大爆冷门的创新：将三双跑鞋组合到一起，设计出了"三连运动鞋"，没想到此举竟然创造了一项新的体育运动，即三人穿"一双鞋"竞走。

组合三双鞋，从技术上说并不难，但是能想到把跑鞋作为同物组合的对象，进而想到三人穿"一双鞋"竞走的活动，却不是每个人都能想到的。因此，多多训练自己思维的求异性，方能做出与众不同的创新。

3.4.3　组合法的应用步骤

（1）选定某事物。

（2）选择适用的组合方式，或逐一应用以上几种方式。

（3）运用扩散思维尽可能多地提出组合设想或方案。

（4）再运用集中思维分析设想或者方案的可行性，确定可执行的方案。

（5）实施。

3.4.4　精彩案例　被举世公认的获得诺贝尔奖的组合

CT 检查现在已经成为大中型医院临床的常规检查手段。它能使人体的各种内脏器官的横断图像在几秒钟内就显示于荧光屏上，一目了然，因而能准确地诊断许多病症，尤其是在诊断脑、脊髓、眼、肝、胰、肾上腺等器官的疾病中，具有无比的优越性。

CT 的英文全称是 computer tomography，字面直译是"计算机断层摄影术"，但是比较准确的翻译是"X 射线电子计算机扫描术"，因为 CT 是基于 X 射线的。

CT 的问世在医学放射界引起了爆炸性的轰动，被认为是继伦琴发现 X 射线后，工程界对放射学诊断的又一划时代贡献。鉴于 CT 的临床意义重大，因此获得了 1979 年生理学医学奖。不过，CT 的主要发明者英国人豪斯菲尔德（G.N.Hounsfield）却是将两项非他独创的原理和技术组合在一起而完成这一伟大创新的。

还是来看看 CT 的发明过程吧。

首先提到的一个人是跟豪斯菲尔德同时获奖的美籍南非物理学家科马克（A.M.Cormark）。科马克 1924 年生于南非。1950~1956 年在开普敦大学任讲师期间，受聘到一家医院放射科工作，对放射治疗和诊断产生兴趣，萌发了改进放射治疗程序设计的念头。1956 年迁居美国后，他继续进行了这方面的人体模型实验和理论计算，1964 年在《应用理论》杂志上发表了计算身体不同组织对 X 射线吸收量的数学公式，从而解决了计算机断层扫描技术的理论问题，为豪斯菲尔德以后发明 CT 扫描技术奠定了基础。

豪斯菲尔德研制成功 CT 时担任英国 EMI（电器乐器工业有限公司）的工程师。他 1919 年生于英国纽瓦克。战后，豪斯菲尔德进入伦敦法拉第·豪斯电气工程学院学习。1951 年他进入了 EMI 从事研究工作，并且不久他就开始从事电子计算机的设计工作。

当时，电子计算机刚刚发明，他以自己特有的创造力、动手能力和组织能力，研制出英国第一台晶体管电子计算机。多年的努力后，他又研制出了一种能识别印刷字体的计算机。这在当时也是一个了不起的成就。

那时候，豪斯菲尔德任职的电器乐器工业有限公司生产各种电子仪器，除计算机外，还有探测器、扫描仪等。他的目标是要综合运用这些技术，生产出具有更大实用价值的新仪器。在这个过程中，他接触到了科马克的研究成果，这一成果给了他很大的启迪，并树立了研制新仪器的信心。因为他对计算机原理以及成像技术很熟悉，而科马克已经从理论上解决了 X 射线断层扫描的难题，因此，这让豪斯菲尔德觉得，只要把这两件事情有效的结合就可以了。豪斯菲尔德开始了攻关。

所有的创新中，想法最重要！

终于在 1969 年，豪斯菲尔德首次设计成功了一种可用于临床的断层摄影装置，并于 1971 年 9 月正式安装在伦敦的一家医院里。这年他与神经放射学家阿姆勃劳斯合作，首次成功地为一名英国妇女诊断出脑部的肿瘤，获得了第一例脑肿瘤的照片。同年，他们在英国放射学会上发表了第一篇论文。这篇论文受到了医学界的高度重视，被誉为"放射诊断学史上又一个里程碑"。从此，放射诊断学进入了 CT 时代。

1979 年的诺贝尔生理学和医学奖亦破例地授给了豪斯菲尔德和科马克这两位没有专门医学经历的科学家。

3.4.5 自我训练

随着通信技术及互联网技术的突飞猛进，伴随而来的众多高科技产品进入我们的生活。高科技产品给我们的生活带来很多便利，也将会带来一些意想不到的改变。

有数据表明，随着手机越来越智能，大家上厕所的时间是越来越长。但时间太长并不好，不过如厕的时间貌似还是一个产生灵感的时间。请你练习：能给马桶再加上什么，能更好地满足未来人们如厕的需求？

3.5 BS 法与 635 法

3.5.1 经典创新的方法——BS 法

这一部分，我们将学习一种新的创新方法。这种方法主要用于小团队的创新活动，这就是 BS 法。

● 什么是 BS 法

BS 法，也称为智力激励法，或头脑风暴法，是英文 brain-storming 的缩写。这种方法自从美国的奥斯本率先发明、使用并发表之后，就风行了全世界，成为进行创新活动中最常用的方法。

大家知道，通电导体周围会产生磁场。若将两根通电导体并列在一起，当它们的电流方向一致的时候，其周围的磁场强度就会随之增强；当它们的电流方向相反时，其周围的磁场强度则会随之减弱。这就是磁场迭加效应。

人在进行思维活动时有没有迭加效应呢？答案是肯定的。当许多人在一起讨论问题时，各自以不同的思路思考可以突破各种局限，具有"互补效应"；各种思想相互启发，互激升华，能形成"互激效应"。这种"互补效应"和"互激效应"使得集体思维能力可以大大高于个人思维能力，起到增强思维能力的作用，这就是所谓的"智慧场"。

你一定也深有体会吧！

智力激励法就是根据"智慧场"的原理而设计的，它是以小团体会议的形式来提出或者解决问题的。

奥斯本在介绍这种方法时说："1939年，当时在我担任经理的公司里，首先采用了有组织地提建议的方法。最初的参加者把它叫作闪电式构思会议。这一名称相当确切。因为在这种场合所说的闪电构思，是针对突击解决独创性问题需要开动脑筋而言的。这就是说，每一个人都要像突击队员那样勇敢地向共同的目标突进。"可以说，BS法是企业开展合理化建议活动以及员工创新活动的必需的方法。

为了更好地运用这个方法，同时更好地发挥"互激效应"，必须遵守四项基本原则。

其实，BS法相当于我国传统的诸葛亮会议，但其没有形成系统的原则、程序、方法。因此，缺乏可操作性。

3.5.2　BS法的四项基本原则

要使思维活动真正起到互激的作用，就必须制定一些规则。

（1）延迟评价。

在提出设想阶段，只能专心提设想而不能对设想进行任何评价。这是因为创造性设想的提出有一个诱发深化、发展完善的过程，常常是有些设想在提出时杂乱无章不合逻辑，似乎毫无价值，然而它却能够引发许多有价值的设想，或在以后的分析中发现开始没有发现的价值。因此，过早地评价会使许多有价值的设想被扼杀。

延迟评价既包括禁止批评，也包括禁止过分赞扬。BS法首先必须禁止任何批评或指责性言行。这是因为会议成员的自尊心，使他们在自己的设想遭到批评或指责时，就会不自觉地进行"自我保护"，因而就会只想如何保护自己的设想，而不去考虑新的甚至更好的设想。批评和指责是创造思维的障碍或抑制因素，是产生"互激效应"的不利因素。同样，夸大其词的赞扬也不利于创造性的发挥，如"你这个想法简直太妙了！"这类恭维话会使其他与会者产生被冷落感，且容易让人产生已找到圆满答案而不值得再考虑下去的印象。

延迟判断原则是智力激励法的精髓。

（2）鼓励自由的想象。

自由想象是产生独特设想的基本条件。这一原则鼓励会议成员要坚持独立思考，敢于突破，敢于"异想天开"，甚至提出荒唐可笑的想法，使思想保持"自由奔放"的状态。

本原则下要熟练应用求异、想象、联想、扩散等多种创造性思维方法。

（3）以数量求质量。

要相信提出的设想越多，好设想就越多，因此要强调在有限的时间内提出尽可能多的设想。会议安排中可规定数量目标，如每人至少要有 3 个设想或更多。这样做可使与会者在追求数量的活跃气氛中，不再注意什么评价了。

奥斯本认为，会议的初期往往不易提出理想的设想，在后期提出的设想中，有实用价值的设想所占的比例要高得多。

1952 年，华盛顿一千多公里电话线由于大雾造成树挂，使通讯联络中断。为了在短时间内恢复通讯，指派空军解决这一问题。在讨论中，第三十六个设想是用直升飞机螺旋桨的垂直气流吹落树挂，使用这个方法，使通讯很快恢复了正常。

如果在讨论中，提出第五个、第十个、第三十五个设想时，就戛然而止，那么就不可能找到用直升飞机解决这一问题的最佳设想。

（4）鼓励巧妙地利用并改善他人的设想。

已经提出的设想不一定完善合理，但却往往能提出一种解题的思路。其他人可在此基础上进行改善、发展、综合，或由此启发得到新的思路，从而提出更好的设想。

有了这四项基本原则，才能充分发挥大家的创造性，保证会议气氛轻松愉快，从而能够起到互激作用。

> **提示**
>
> 现在再开会要记着用这四项原则。

3.5.3 BS 法的应用步骤

下面看一下 BS 会议的组织方法，同时也是 BS 法的应用步骤。

● 首先要明确会议的目标，千万不能无的放矢。一般要将会议讨论的问题提前 1~5 天告诉与会者。

● 会议人员以 5~10 人为佳，包括主持人、记录员和参加者，同时要考虑与会人员的构成，以达到最佳效果。

● 选择合适的主持人。主持人是 BS 会议的领导者，会议的成功与否在很大程度上取决于主持人掌握会议的能力和艺术。主持人的职责是：

（1）严格遵守四项基本原则；

（2）使会场保持热烈的气氛；

（3）时刻把握会议主题；

（4）保证全员献计献策。

怎样才能做到这几点呢？首先要做好充分准备，其次要有一定的主持会议的技巧。主持人一般不能直率地发表意见，只能简单地说："很好，继续进行。"或"很好，现在让我们改变一下方向，考虑下一轮干些什么。"

● 确定记录员。记录员要把所有设想一个不漏地记录下来。设想是进行综合和改善的素材，每个设想都要编上号，防止遗漏和方便评价。

● 会议时间一般在一小时以内，最好不超过两小时。

● 对设想的评价。对设想的评价不能在同一天进行，最好再过几天，这样还可以提出新的设想。评价可以用 BS 会议的方式。

3.5.4 精彩案例 怎样提升客户满意度，由被动服务转变为主动服务

某电梯制造公司的发展战略由制造型企业调整为制造服务型企业，企业试图通过创新服务来增加产品的附加价值，并通过个性化服务实现产品的差异化。这就需要大力强化"服务"这个板块。为此，他们召开 BS 会议，来讨论如何为客户提供更好的服务。

最初，会议确定的主题是：如何提升客户满意度，怎样为客户提供更优质的服务？

按照 BS 法的流程进行。大家讨论热烈，纷纷发言：

- 设计手机 App。不仅企业内部人员可以通过 App 下达作业计划、紧急抢修计划等，客户也可以通过 App 保修、及时与企业沟通等，使得信息传递更加高效、快捷。想必这样的体验能增加客户满意度。

- 增加销售网点及安装维修的代理点，实现售后维保的快速联动服务。

- 为客户提供精细、快速、无缝衔接的营销、安装、维保、修理、改造一条龙服务。

- 今后不论开什么会，讨论什么内容，中间都放一把椅子，椅子上写着"客户"两个字，强化客户意识，真正以客户为中心考虑问题。

- 电梯是一个定制产品，需要进行大楼交通情况、人流量、电梯配置、土建布局、装潢搭配等方面的分析，才能设计产品。因此，可以实施全程"顾问式"营销和服务。

- 由于电梯的出厂都是零部件，安装都是在现场，因此，安装过程非常重要，全程监控，信息化管理，让客户放心、安心。

- 现在存在的问题是：基本都是被动服务，也就是说都是客户告诉我们有问题之后，我们才去进行服务，差别就是快与慢，能否改变思路，变被动服务为主动服务，不等客户提出来，我们的服务就到了？

    ……

大家都知道，客户满意度本质上是一种主观感受，是对产品、服务及企业本身的一种情感表达。所以，当会议中有人提出"如何变被动服务转为主动服务"的思路时，大家眼前一亮，对呀！怎样进行主动服务呢？

主持人敏锐地抓住了这个设想，于是会议讨论的主题又延伸为"如何为客户提供主动服务？"

比如，大楼着火了，我们怎么能在第一时间知道，并立刻过去检查及提供维保服务？

- 通过电梯物联网远程监视平台，提供远程故障监视、自动故障报警、急修派工、电梯远程终端管理的服务，实现采集信息的综合处理、远程诊断及主动保养维修服务能力。
- 提供 7×24 小时远程监视和维保服务。
- 在电梯中安装传感器。
- 在大楼中安装传感器。
- 跟 119 联网，同步知道火警信息，之后派遣距离最近的维修人员赶到现场。

·········

经过充分的讨论，最后大家一致认为，除了远程监控之外，跟 119 联网这个设想最好，最能体现主动服务的内涵，带给客户的体验也最好，而成本也相对最低。这个设想也恰好印证了那个观点，即：

聪明的企业善于利用他人的资源，包括社会资源发展自己！

3.5.5　什么是 635 法

635 法是 BS 法的变形，也称为默写式智力激励法。635 法是德国人鲁尔巴赫根据德意志民族习惯于沉思的性格，将奥斯本的智力激励法进行改进，采用书面阐述的方法。

635 法规定：每次会议由 6 人参加，每人在 5 分钟之内提出 3 个设想。其具体步骤是：

（1）会议主持人提前 1~2 天将会议要解决的问题和目标告诉与会者（紧急情况除外）。

（2）采用圆桌会议的方式，大家围在一起坐。

（3）主持人给每位与会者发放一张大卡片，并请大家围绕事先说好的问题开始提出设想，要求必须在 5 分钟内提出 3 个设想，不管质量，不管可行性，也不需要展开很多，主要是提出思路。同时开始计时。

（4）第一轮结束后，要求每个人把写好的卡片传给右边的人，与此同时也接到左边的人传过来的一张写有设想的卡片。

（5）略加浏览后，开始第二轮。此时已经有了来自左边人的思路启发，因此，在此基础上提出新的设想，并写下来。把写好的设想再次传给右边的人。

（6）时间控制在半小时左右，共 6 次。其中还可以变换传递方向，比如，前 3 次往右传，后 3 次往左传。

如此这般，6 次下来共得到 108 个创新设想。之后再对这些设想进行分析及可行性研究，以诞生有价值的解决方案。

在实际工作中，635 法也得到了非常广泛的应用。

3.5.6 自我训练

在应用过这个方法后请你思考，BS 法有哪些缺点，如何改进？据此你能提出新的创新方法吗？请写在下面横线上。

_____

_____

_____

3.6 移植法

3.6.1 什么是移植法

中国有句古话："他山之石，可以攻玉。"说的就是移植法。

所谓移植法，就是指将某个领域中已有的原理、技术、方法、结构、功能等，移植应用到其他领域，导致新设想诞生的方法。

我们都可以感受到，近些年来科学技术以前所未有的速度迅猛发展，简直让人目不暇接。但是，不管发展速度怎样快，新的知识和技术都会经历"萌生—形成—发展"和"综合—分化—交叉"的过程。并且随着科学技术的进步，虽然各行各业的分工越来越细化，但同时各行业之间的新技术、新思想的转移也不断加快。人们在某一领域取得的科学理论和技术成果，包括该成果诞生的环境、过程、思路、方法和手段，都可能在其他领域具有同等重要、甚至更加重要的创新意义。

例 19

移植化学

用量子力学的定律来解释化学现象，就形成了新的化学理论——量子化学；反过来，把化学引入生物研究中的生物化学，不仅运用化学理论和方法研究生命大分子——核酸和蛋白质的分子结构和运动，还引进了光谱分析、同位素标记、X射线和电子显微镜等物理和化学的先进技术，成为当代十分活跃的前沿科学。

再看我们更加熟悉的东西，汽车发动机上的汽化器原理来自于香水喷雾器；声音除尘器的构造类似于高音喇叭；外科手术总用来大面积止血的热空气吹风器，其原理和结构与理发师手中的电吹风相同。

难怪英国的 W.I.B. 贝弗里奇（生物学家）说："移植是科学研究中最有效、最简便的方法，也是应用研究中运用最多的方法。""重大的科学成果有时来自移植。"中国四大发明之一的造纸术，其技术就来自于移植，即把丝加工技术移植到造纸中，不改变技术本身，只是改变了加工对象，由加工丝改成了加工植物纤维。

例 20

笛卡尔的故事

法国数学家、物理学家、哲学家笛卡尔是科学方法移植的先驱，如下图所示。他以高度的想象力，借助曲线上"点的运动"的科学想象，把代数方法移植于几何领域，使代数与几何融为一体而创立了解析几何，尽管他的著作是《几何学》，但他写的几何学却不同于欧几里德几何，被世人公认为是解析几何的创始人。

笛卡尔（1596~1650 年），生前因怀疑教会信条受到迫害，长年在国外避难。他的著作生前或被禁止出版或被烧毁，他死后多年还被列入"禁书目录"。但在今天，法国首都巴黎安葬民族先贤的圣日耳曼圣心堂中，庄重的大理石墓碑上镌刻着"笛卡尔，欧洲文艺复兴以来，第一个为人类争取并保证理性权利的人"。

笛卡尔的著作，无论是数学、自然科学，还是哲学，都开创了这些学科的崭新时代。《几何学》是他公开发表的唯一数学著作，虽则只有 117 页，但它标志着代数与几何的第一次完美结合，使形形色色的代数方程表现为不同的几何图形，许多相当难解的几何题转化为代数题后能轻而易举地找到答案。他在 1637 年出版的《方法论》一书成为哲学经典。

谈到笛卡尔的故事，似乎都不能回避他那著名的三个梦：1619 年 11 月 10 日的夜晚，笛卡尔连续做了 3 个奇特的梦。第一个梦是：自己被风暴从教堂和学校驱逐到风力吹不到的地方；第二个梦是：自己得到了打开自然宝库的魔钥；第三个梦是：自己背诵奥生尼的诗句"我应该沿着哪条人生之路走下去？"正是因为这三个梦，笛卡尔明确了自己的人生之路，可以这样说，这一天是笛卡尔一生中思想上的转折点。以至于有人说，笛卡尔梦中的"魔钥"就是建立解析几何的线索。

笛卡尔一生做出了多方面的贡献，他在1634年写的《宇宙学》，包含当时被教会视为"异端"的观点：他提出地球自转和宇宙无限；他提的漩涡说是当时最权威的太阳起源理论；他还提出了光的本性是粒子流的假说，并认为在广袤无垠的太空中存在着极其精细的"以太"。直到二三百年以后，笛卡尔的这些观点仍具有很高的研究价值。

● 移植法的应用前提

运用移植法首先遇到的问题是：移植什么？为什么移植？这涉及移植法的应用条件。经验表明，下面三点是应用移植法的必要条件：

（1）用常规方法难以找到理想的设计方案或解题设想，或者利用本专业领域的技术知识根本就无法找到出路。

（2）其他领域存在解决相似或相近问题的方式方法。

（3）对移植结果能否保证系统整体的新颖、先进和实用性有一个估计，或肯定性判断。

当具备这三个条件时，才能使得采用移植法的创新活动有实质性的意义。

例 21

电磁装卸机

随着我国港口及物流业的发展，货物的装卸越来越多，也必将出现越来越多的新型装卸工具。下面看一个早就应用在生产现场的例子。

一般来说，对于规则的货物装卸相对比较容易，但遇到碎小的货物，特别是钢球铁块之类的货物装卸起来就比较困难，并且费工费时。使用一般的装卸机械如抓斗之类的，虽然也能够解决问题，但速度慢、效率低，不能适应现代化生产的节奏。为更好地解决问题，需要寻找设计专用装卸机的新思路。

以上具备了采用移植法的第一个条件。

于是人们把眼光投向了机械领域以外。当然，人们想到了电磁铁。电磁铁在通电时磁力增强，能吸起铁块，断电时磁力减弱或者消失，铁块会从磁铁上自动掉下来。这是一种装卸钢铁碎块的理想方式。

以上具备了采用移植法的第二个条件。

接下来，就是第三个条件，分析一下用电磁铁方式装卸碎块的效果，可以预见，既可以节省劳动力，速度又快，效率又高，还安全可靠，因此很有移植的必要。

就这样，电磁装卸机诞生了。

3.6.2　移植法的几种类型

先看个小案例：

例 22

小小桶盖解决了产品被仿冒的大问题

很多企业都为自己的产品被仿冒而苦恼和愤怒过。怎样有效地解决这样的问题呢？

我曾经参观过一家福利工厂——徐州市西关化工厂，工厂的员工主要是残疾人。这是一家享誉当地的企业，他们生产的乳胶漆和涂料非常畅销，赢得了很高的市场占有率。走在徐州的大街上，到处都可以看到他们的广告以及许多经销店。

但他们也遇到了一个很大的问题，就是市场上不断出现仿冒他们的产品。究其原因是乳胶漆和涂料产品的进入门槛较低，生产成本较低，而且该品牌的包装桶也比较平常，一般的塑料加工设备就能做出来，消费者也无法判断真假。因此客观上给仿冒者留下了空间。

西关化工厂的厂长叫徐贵奇，是一位残疾退伍军人，2009年已是70岁的高龄。他不仅因为卓越的成绩获得了江苏省劳动模范和国家"五一"劳动奖章，受到国家领导人的接见，而且他能坚持，不断地学习新知识、接受新观点，从不松懈。

有一次，他去参加一个展览会，发现了一种制作双色塑料制品的设备，顿时启发了他的灵感：把这种方法应用到我们的涂料桶包装上，生产双色桶盖，是否可以呢？经过与生产厂家协商与调研，他果断引入了双色桶盖加工设备。这台设备因为投资较大，有一定的技术难度，因此使得那些生产假冒伪劣产品的人望而却步。

因为这个举措，一下子就把正品与仿冒品区分出来了，消费者也非常好认，只要是双色桶盖的，就一定是正品，买着放心、使用方便。

目前，双色桶盖已经申请了国家专利，并获得了批准。

顺便说一句，徐贵奇这位年过古稀的老厂长，用自己一生的精力去追求着一份爱心事业，在西关化工厂的员工心里，他就像一位好父亲（其实我在见过他之后也有同感）。2009年2月，徐州电视台的《感动》栏目对他进行了专访。

移植法有以下四种类型：

（1）原理移植。

原理移植就是把某一领域的原理移植到另一不同的领域，从而产生新设想的方法。

把飞机的"黑匣子"原理移植到汽车上，就有了汽车"黑匣子"。

前面提到的由于香水喷雾器原理移植到汽车发动机上，就诞生了汽化器；如果将其移植到刷油漆中就诞生了油漆喷枪；移植到机器注油中就诞生了喷射注油壶。

这几个产品的构造、材料、加工工艺都不相同，唯独原理一样。

例 23

触摸屏时代

现在我们走进很多单位，都可以看到一台触摸屏的介绍机，只需简单地触摸几个点，就可以看到希望看的介绍。比如走进医院，我们可以通过触摸屏设备详细了解科室介绍、著名专家的资料等，一应俱全，方便患者进行选择。

触摸屏是一种人机交互设备，它的原理是：触摸屏覆盖在显示器屏幕上，当用户触摸屏幕时，它可以迅速识别触摸点位置、移动方向和速度，并将信号传递给计算机，从而实现用户与计算机的交互。这种技术极大地方便了用户，尤其是那些不懂计算机操作的用户。

据心理学的研究，用手指亲自触摸和采用鼠标键盘操作带给人的愉悦感是完全不同的，因此这也是触摸屏广泛应用的原因之一。

随着5G、人工智能、无人驾驶、AR/VR、生物识别、大数据、物联网等新技术的快速发展，我们会迎来一个真正意义的触摸屏时代，很多领域都会为触摸屏提供巨大的市场，如下所述：

智能手机：触摸屏除了在各式各样手机上应用之外，还会在便携式游戏机、个人数字助理（PDA）上普遍采用。

智能家居：触摸屏在智能家居上的应用，可以极大地方便和趣化我们的生活。

智能穿戴设备：以手环、手表为代表的智能穿戴设备不仅样式繁多，而且功能越来越强大。这类设备中还包括便携导航设备（PND），也深受很多人的喜爱。

触摸笔：利用触摸笔进行操作的触摸屏类似白板，除显示界面、窗口、图标外，触摸笔还具有签名、标记的功能。

公共信息查询机及电子政务：政府及公共部门可以利用触摸屏查询机全天候、随时随地为社会及大众提供服务。

图书检索：图书馆、新华书店等机构均可采用触摸屏的方式提供图书检索、查询及其他延伸服务。

旅游服务：从线路、景点、交通到餐饮，相关的旅游信息不仅导游们人手一"屏"，游客也可以随身携带，对于选择自由行的人们来说简直是太方便了。

医疗服务：患者所需的各种医疗信息可以通过带有触摸屏的介绍机、挂号结算充值机、报告发放机、住院信息查询机等自助获得，极大地节省医疗资源，提高效率。

车（机）载触屏：在不远的将来，触摸屏会广泛出现在飞机、高铁、汽车上，为出行的人们提供各种相关的信息和服务。

无人商店、无人酒店、无人银行：触摸屏将会在这些行业广泛应用，以填补并满足由于"无人"而给顾客带来的需求空缺。

各种购票：触摸屏购票机将会陆续现身在各地的地铁站、高铁站、飞机场、汽车站等，为人们提供更加便捷的服务。

（2）功能移植。

功能移植是指将某项技术独特的功能，用到其他领域，导致功能扩展的方法。

功能移植很多时候会跟"结构"一起使用。比如，拉链这种结构，过去主要用在衣服、鞋、背包、被罩等生活用品上。有人想到了把拉链用在自行车外胎上，这样一旦自行车轮胎被扎，可以直接拉开拉链就进行补胎了，很方便。

美国巴尔的摩大学医院普通外科主任哈伦·斯通，运用聚乙烯材料制作的拉链，竟然移植到了外科手术伤口的缝合上，创造了拉链快速愈合法，代替了传统的针线缝合法。试用效果还不错，不仅刀口愈合处不再留疤痕，而且刀口感染率也大大降低。

学机械的朋友都知道，曲柄连杆机构可以实现由直线运动转化为圆周运动的功能，这也是活塞式内燃机的基本工作原理，进而推动汽车轮子转起来。

例 24

有很大用处的"气泡"

气泡有什么功能呢？通过发酵技术在面团中产生气泡，做出来的馒头或者面包，比没有气泡的面点好吃多了，不仅口感好，也有利于消化。

那么，气泡这样的"功能"能否移植到其他领域呢？答案是肯定的。

美国人把"气泡"功能移植到了橡胶生产中，把能产生气泡的发泡剂掺入生橡胶，橡胶熟化后，就会像面包一样膨胀，于是就有了橡胶海绵。

德国人把"气泡"功能移植到了塑料加工中，发明了美观便宜的泡沫塑料及其生产工艺。

日本人几乎可以说是全世界最善于把最新的技术移植到各个领域的，日本真正的原创技术并不是很多，但他们很善于把新技术迅速应用到工业及民用领域，从而产生很好的经济效益。日本人把"气泡"功能移植到冰激凌中，诞生了口感松软的雪糕。

他们还将"气泡"功能移植到了香皂和肥皂中，诞生了泡沫香皂和泡沫肥皂。

另外，日本人还把"气泡"功能移植到了水泥制品，发明了气泡混凝土预制件及其生产工艺。这种材料因为良好的隔音和绝热性能而广泛用于高层建筑以及隔音保暖材料中。

（3）材料移植。

材料移植就是将原有材料进行创造性的应用，从而带来新的使用功能和使用价值的方法。

玻璃，是一种常见材料，通常可用于制作门窗、各种工艺品等，但我们很少想到过用玻璃建造桥梁，保加利亚率先用玻璃建造了一座宽 8 米、长 12.5 米、重 18 吨的桥梁。如今，玻璃栈道作为一个刺激的旅游项目也在我国兴起。

还有，你能想到用玻璃制造小提琴吗？捷克斯洛伐克有人就用玻璃制成了透明的小提琴，高雅豪华，音质也非常好。

树脂材料现在也是得到广泛应用的一种材料。就说我们生活中吧：

树脂→眼镜行业：取代了传统、厚重的玻璃镜片；

树脂→牙科行业：取代了传统、有毒、难看的镍汞合金材料；

树脂→包装行业：取代了传统的包装材料；

树脂→装修行业：取代了传统的装修材料，使得装修后更加美观，也更加耐用。

因此，世界各国都非常重视材料工业，尤其是新材料的研发。期待未来会有更多的新材料走进我们的生活。

（4）方法移植。

与原理移植、功能移植和材料移植一样，**方法同样可以从一个领域移植到另一个领域，从而产生新的设想和新的事物**。大家知道，科学研究每提出一种新理论，技术发明每完成一项新的创造，都会伴随着方法的突破。而这种方法的诞生和随后的推广，论其意义来说，甚至要比科学研究和技术发明的成果本身更重要。也就是说，方法的生命力会远远超过成果本身的生命力。

方法的移植领域非常广阔，能在很多的科研和技术创新中发挥启迪和催化的作用。或者说，方法往往成为创立新理论和做出新发明的思想工具。

例如：如何让玻璃这种材料变得有韧性而不是那么脆呢？这是个非常难的难题。

研究人员攻关之后，将通常用于改善金属材料性能的"淬火"的方法移植到了玻璃的生产中。先将普通玻璃逐渐加热，然后放入特别配制的淬火液中快速冷却，玻璃就变得坚硬而有弹性。

再如：女性的饰品市场现在可以说是各式各样，千奇百怪，眼花缭乱。但纵观下来，发现真正用鲜花做的饰品非常少。这是因为鲜花难以保鲜。

如果能让鲜花保鲜，不仅仅是饰品市场，连女孩子收到的第一朵玫瑰都可以成为市场的产品啊，且非常有纪念意义。怎样让盛开的鲜花永不凋谢，并成为工业品销售呢？

后来，人们想到了把给塑料电镀的方法移植过来。首先对鲜花进行处理，喷上导电银浆，之后再像塑料电镀那样进行电镀。只见，玫瑰花依然鲜艳欲滴，茉莉花成为闪灿灿的胸针，连树叶也变成了各种不同的首饰，大受欢迎。

例 25

微信红包的诞生

大家知道春节是在汉代设立的。春节第一天，也就是新年的第一天，大家都要去给长辈拜年，而长辈们在接受了晚辈的拜年之后一般会用发红包的方法来表达对晚辈的祝愿。

后来，发红包的方法应用范围越来越广，比如开工第一天，企业老板给员工发红包，等等。

腾讯公司一直沿袭着发红包的传统，每年农历新年后上班的第一天，马化腾及公司的高层都要亲自给员工派发红包，员工内部把这个传统叫作"刷总办红包"。

2013 年 11 月，临近新年和春节。在一次基础产品中心的头脑风暴中，微信产品总监弓晨和同事们想到了是否可以把过年发红包的做法移植到微信上？是否可以在 2014 年春节时，把发红包做成一个应用，吸引社会上的普通用户使用，以增加启用微信支付的用户数量？

正是这样一个方法的移植，引爆了当年春节的抢红包大战。从农历除夕到正月初八这 9 天时间，800 多万中国人共领取了 4000 万个红包，遍布全国 34 个省级行政单位，每个红包平均包含 10 元钱。据此推算，总值 4 亿多元的红包在人们的手机中不断被发出和领取。除夕夜参与红包活动的人最多，一共有 482 万人，流量最高峰出现在零点前后，在达到瞬间峰值时，每分钟 2.5 万个红包被拆开。

微信红包由于"抢"的动作，使得其更具有游戏性，也显得更为人性化。抢到红包后，再参与发红包的人并不在少数。因为有限量的"抢"红包既满足了用户之间好胜心，也让发红包的"土豪"，心里得到了满足。一时间，在中国的大地上，欢声笑语，喜笑颜开。

例 26

纳米技术

有一天，你穿的衣服可能不再是普通的衣服，而是纳米服装。你会问，这样的衣服有什么好处呢？据说，"纳米服装"不仅能挡住 95% 以上的紫外线，还能挡住同量的电磁波，还无毒、无刺激，不受洗涤、着色、磨损的影响，能有效地保护人体皮肤不受辐射的影响。

那当然好了！

纳米技术与信息产业技术、生物科技被称为是现在世界上前沿科学领域的三大主要方向。

咱们先来看看什么是纳米技术。

纳米是一种长度单位，一根头发丝直径的十万分之一就是 1 纳米。纳米技术就是指在纳米尺度范围内，通过操纵原子、分子、原子团和分子团，使其重新排列组合，从而成为新物质的技术。

纳米技术的最终目标是使物质在纳米尺度上表现出新颖的物理、化学和生物学特性，从而制造出具有特定功能的产品。

那么纳米技术都已经应用到了哪些日常领域呢?

第一要首先提到在计算机中的应用。随着电脑的普及，计算机与我们的关系越来越密切。大家最熟悉的 CPU 纳米工艺，早就使微处理器行业迈入了纳米时代，并且还在不断创新着。

第二是在化工领域的应用。比如，细心的女性不难发现，纳米化妆品现在到处可见，将纳米 TiO_2 粉按一定比例加入化妆品中，就可以有效地遮蔽紫外线。

第三来看在医学上的应用。科研人员已经成功利用纳米微粒进行了细胞分离，用金的纳米粒子进行定位病变治疗，以减少副作用等。另外，利用纳米颗粒作为载体的病毒诱导物已经取得了突破性进展，现在已用于临床动物实验，估计不久的将来即可服务于人类。

第四是在家电领域。我国小鸭集团研制出的纳米洗衣机，就是利用纳米抗菌材料研制出的自我清洁的洗衣机。它能够有效地抑制细菌滋生，无论使用多长时间，都能够保持"净水洗涤"的状态。

3.6.3　移植法的应用步骤

进入训练之前的特别提示：掌握移植法的关键是要善于运用联想思维，即善于从看来无关的事物中找到启示。

● 移植原理的训练步骤：根据问题→移植原理。

（1）确定待解决的问题；

（2）明确所需求的原理；

（3）寻找可移植的对象；

（4）将所需要的原理植往待解决的问题中；

（5）提出具体的设想或方案。

● 移植功能的训练步骤：移植功能→解决问题。

（1）确定所表现的功能；

（2）确定植往的对象；

（3）明确所要解决的问题；

（4）将现有功能与待解决的问题相结合；

（5）提出具体的设想或方案。

● 移植材料的训练步骤：

（1）确定待解决的问题；

（2）明确所需求的材料性能；

（3）寻找可移植的材料对象；

（4）将新材料植往待解决的问题中；

（5）提出具体的设想或方案。

● 移植方法的训练步骤

（1）确定待解决的问题；

（2）寻找解决这类问题的一般方法；

（3）究其方法所能解决的各类问题；

（4）植往待解决的问题中；

（5）提出具体的设想或方案。

3.6.4　精彩案例　人脸识别技术还可以移植到哪里

人脸识别技术简称为"刷脸"，这一技术被认为是正在改变世界的技术之一。随着支付宝可以刷脸登录，杭州 G20 峰会刷脸住酒店，北京、上海、广州、郑州等多个地方的火车站都启用了"刷脸进站"，华为、小米等在新机型上都改用人脸识别方式解锁，以及农行、建行和招行等相继推出了"ATM 机刷脸取款""刷脸付款"等服务，人脸识别已经成为当今人们关注的热词，并快速进入寻常百姓的生活。

人脸识别是一种基于人的脸部特征信息进行身份辨识的生物认证技术。人脸识别系统在图像或视频中检测和跟踪人脸，系统对检测到的人脸进行一系列相关技术处理，将得到的人脸识别关键信息与预留的目标人脸信息进行比对，判断其相似度。

最早关于人脸识别的研究论文是 1965 年陈（Chan）和布莱索（Bledsoe）在 Panoramic Research Inc. 发表的技术报告，之后随着计算机技术的发展而得到长足发展，目前世界各国都在积极发展该技术。

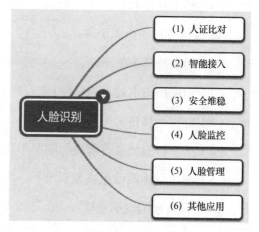

刷脸技术的应用越来越广泛，逐渐移植到各个行业。下面列举一些已经移植了人脸识别技术的领域（见右图）：

（1）人证比对：驾照、签证、身份证、护照、投票选举、智能卡用户验证等；

（2）智能接入：车辆访问、智能 ATM、电脑接入、程序接入（CRM 接入）、网络接入等；

（3）安全维稳：安全反恐报警、登机、乘车、体育场观众扫描、计算机安全、网络安全、执法嫌疑犯识别、欺骗识别等；

（4）人脸监控：校园监控、小区监控、公园监控、医院监控、街道监控、电网监控、入口监控等；

（5）人脸管理：人脸数据库人脸检索、人脸标记、人脸分类、多媒体管理人脸搜索、人脸视频分割和拼接等。

（6）其他应用：人机交互式游戏、主动计算、人脸重建、低比特率图片和视频传输等。

从人脸识别取厕纸，到人脸识别抓拍行人闯红灯，从远程人脸认证养老金领取资格到公司门禁考勤放行审核，从机场、火车站安检"刷脸"到公安安防管理"刷脸"，从"刷脸"办理银行业务到"扫脸"支付购买商品，如今人脸识别已实实在在走进了我们生活中。

利用人脸识别，可以帮助商家为顾客提供更快捷的个性化服务。相关安防人士表示，人脸识别包括搜索和比对识别两个步骤，商家只要建立常客数据库，将客人的个人信息、餐点口味、服务偏好与其面部资料匹配存储，当客人再次光临时，安装于餐厅门口的摄像头便能主动比对，快速弹出顾客信息以提醒服务人员。甚至还可与厨房联动，让客人不开口就能享受贴心服务。相比于指纹识别等其他识别技术，人脸识别的优势比较明显。

请你想一想，"刷脸"技术还可以移植应用到哪些地方呢？能跟你的工作联系起来吗？

3.6.5　自我训练

1986 年，美国科学家 Charles Hull 开发了第一台商业 3D 印刷机。2012 年 11 月，苏格兰科学家利用人体细胞首次用 3D 打印机打印出人造肝脏组织。从 2018 年 8 月 1 日起，3D 打印枪支在美国合法化，3D 打印手枪的设计图也将可以在互联网上自由下载。2018 年 12 月 10 日，俄罗斯宇航员利用国际空间站上的 3D 生物打印机，设法在零重力下打印出了实验鼠的甲状腺。

右图是一台 3D 打印机。目前，3D 打印技术已经成功的应用在以下领域：国际空间站、海军军舰、航天科技、医学领域、房屋建筑、汽车行业、电子行业、服装服饰以及私人定制等。

请你搜索资料及自我思考，3D 打印技术并没有如人们期待的那般获得如火如荼的大发展，是因为什么原因？受到了哪些限制？

_____

_____ 。

请永远记住，行动比想法更重要！现在，请一定参照《行动手册》进行 21 天自我训练！

附　录

测一测：
你的创造力有多强

这是由美国普林斯顿创造才能研究公司为选拔创新人才制订的"你的创造力有多高"的测验方法，即著名的尤金·劳德塞测试题。

下面有 50 个句子，请根据你本人的实际情况，实事求是地填写。

A——非常同意；B——同意；C——中间态度；D——反对；E——坚决反对。

1. 在解决某一特定的问题时，我总是很有把握地认为我是按正确的步骤工作的。（ ）

2. 我认为如果无望得到回答，提问题就是浪费时间。（ ）

3. 我觉得有条理地、一步步做是解决问题的最好方法。（ ）

4. 我也偶尔在集体内发表一些似乎叫人扫兴的意见。（ ）

5. 我花大量的时间考虑别人对我的看法。（ ）

6. 我觉得我可能对人类作出特殊的贡献。（ ）

7. 我认为做自己认为正确的事比争取别人赞成更重要些。（ ）

8. 那些看上去做事没有把握、缺乏自信心的人得不到我的尊重。（ ）

9. 我能长时间盯住一个难题不放。（ ）

10. 偶尔我会对事情变得过于热心。（ ）

11. 我常常在不具体做什么时想出最好的主意。（ ）

12. 在解决问题的过程中，我凭直觉，凭"是""非"感。（ ）

13. 在解决问题中，分析问题时，我干得较快，而综合所得信息时，工作较慢。（ ）

14. 我有收集的嗜好。（ ）

15. 幻想为我执行许多重要的计划提供了动力。（ ）

16. 假若放弃现在的职业，要我在两个职业中选择一个，我宁愿当医生而不愿意当探险家。（ ）

17. 和社会职业阶层与我大致相同的人在一起，我会相处得好一些。（ ）

18. 我有高度的审美力。（ ）

19. 直觉不是解决问题的可靠向导。（ ）

20. 与其说我热衷于向别人介绍新思想，还不如说我的兴趣在于拿出新思想。（ ）

21. 我往往避开使自己不如他人的场合。（ ）

22. 在对信息进行估价时，我觉得它的来源比它的内容重要些。（ ）

23. 我喜欢那些遵循"先工作后享乐"规则的人。（ ）

24. 一个人的自尊比受别人尊重重要得多。（ ）

25. 我认为那些追求至善至美的人是不明智的。（ ）

26. 我喜欢那种我能从中影响他人的工作。（ ）

27. 我认为凡物必有其位，凡物必在其位。（ ）

28. 那些抱着"怪诞"思想的人是不实际的。（ ）

29. 即使我的新思想没有时间效用，我却宁愿去想。（ ）

30. 当某一个解决问题的办法行不通时，我能很快改变思考问题的方向。（ ）

31. 我不愿意问显得无知的问题。（ ）

32. 我宁可为了从事某一工作或职业而改变自己的爱好。（ ）

33. 问题无法解决往往在于提了错误的问题。（ ）

34. 我经常能预感到解决问题的方法。（ ）

35. 分析失败是浪费时间。（ ）

36. 只有思路模糊的人，才会借用隐喻和类比。（ ）

37. 有时我非常欣赏一个骗子的技巧，以至于希望他能安然逃脱惩罚。（ ）

38. 经常面对一个只是隐隐约约感受到了的但又说不清楚的问题，我就开始去解决它。（ ）

39. 我往往易于忘记像人、街道、公路、小城镇的名称这类的东西。（ ）

40. 我觉得勤奋是成功的基础。（ ）

41. 对我来说，被人看作是集体的好成员是很重要的。（ ）

42. 我知道怎样控制我的内心活动。（ ）

43. 我是个可靠、责任心强的人。（　　）

44. 我不喜欢干事情没有把握，不可预见。（　　）

45. 我宁愿和集体共同努力而不愿意单枪匹马。（　　）

46. 许多人的问题在于他们对事情过于认真。（　　）

47. 我经常被要解决的问题困扰，但却又无法撒手不管。（　　）

48. 为了达到自己树立的目标，我很容易放弃眼前的利益和舒适。（　　）

49. 假若我是大学教授，我宁愿教实践课，而不愿教理论课。（　　）

50. 我为生活之谜所吸引。（　　）

填完之后，按照下表进行计算，得出分数。

题号	A	B	C	D	E	题号	A	B	C	D	E
1	−2	−1	0	+1	+2	26	−2	−1	0	+1	+2
2	−2	−1	0	+1	+2	27	−2	−1	0	+1	+2
3	−2	−1	0	+1	+2	28	−2	−1	0	+1	+2
4	+2	+1	0	−1	−2	29	+2	+1	0	−1	−2
5	−2	−1	0	+1	+2	30	+2	+1	0	−1	−2
6	+2	+1	0	−1	−2	31	−2	−1	0	+1	+2
7	+2	+1	0	−1	−2	32	−2	−1	0	+1	+2
8	−2	−1	0	+1	+2	33	+2	+1	0	−1	−2
9	+2	+1	0	−1	−2	34	+2	+1	0	−1	−2
10	+2	+1	0	−1	−2	35	−2	−1	0	+1	+2
11	+2	+1	0	−1	−2	36	−2	−1	0	+1	+2
12	+2	+1	0	−1	−2	37	+2	+1	0	−1	−2
13	−2	−1	0	+1	+2	38	+2	+1	0	−1	−2
14	−2	−1	0	+1	+2	39	+2	+1	0	−1	−2
15	+2	+1	0	−1	−2	40	+2	+1	0	−1	−2
16	−2	−1	0	+1	+2	41	−2	−1	0	+1	+2
17	−2	−1	0	+1	+2	42	−2	−1	0	+1	+2
18	+2	+1	0	−1	−2	43	−2	−1	0	+1	+2
19	−2	−1	0	+1	+2	44	−2	−1	0	+1	+2
20	+2	+1	0	−1	−2	45	−2	−1	0	+1	+2
21	−2	−1	0	+1	+2	46	+2	+1	0	−1	−2
22	−2	−1	0	+1	+2	47	+2	+1	0	−1	−2
23	−2	−1	0	+1	+2	48	−2	−1	0	+1	+2
24	+2	+1	0	−1	−2	49	−2	−1	0	+1	+2
25	+2	+1	0	−1	−2	50	+2	+1	0	−1	−2

得分与创造力程度的对应关系为：

80 ~ 100 分　　　　非常有创造力

60 ~ 79 分　　　　创造力高于平均水平

40 ~ 59 分　　　　创造力一般

20 ~ 39 分　　　　创造力低于平均水平

–100 ~ 19 分　　　创造力水平较低

由于影响创造力的因素不是单一的，所以，哪怕自测的结果不理想也不要灰心，因为创造力是可以后天开发的，相信通过坚持不断的开发一定能释放自己的创造能力。

参 考 文 献

[1] 朱邦盛.实用创造学 [M].武汉：武汉工业大学出版社，1992.

[2] 大前研一.创新者的思考 [M].王伟，译.北京：机械工业出版社，2007.

[3] 魏发辰.工程师实用创造学 [M].北京：中国社会出版社，1992.

[4] 唐殿强.创新能力教程 [M].石家庄：河北科学技术出版社，2006.

[5] 胡飞雪.创造力开发 [M].北京：中国物价出版社，1999.

[6] 周苏，张丽娜，陈敏玲.创新思维与 TRIZ 创新方法 [M].2 版.北京：清华大学出版社，
    2015.

[7] 布凌格.聚焦创新 [M].王河新，刘百宁，译.北京：科学出版社，2017.

[8] 罗德·贾金斯.学会创新 [M].肖璐然，译.北京：中国人民大学出版社，2017.

[9] 徐井才.比尔·盖茨传 [M].北京：北京教育出版社，2012.

行动手册

21天体验版 创新训练法！

胡飞雪◎编著

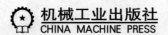

机械工业出版社
CHINA MACHINE PRESS

序　言

学以致用：一份行动建议

请永远记住，行动比想法更重要！现在，请参照以下建议开始行动。

● 本手册提供了一个被无数人证明行之有效的、能快速提升创新能力的训练方法：**每天至少提出一个创新设想，连续坚持 21 天**！

● 你围绕哪方面提都可以，一定要坚持每天提出设想，至少一个，每天！不能有间隔，要连续。这一点非常重要。

● 一定按照本手册的引导进行训练。

● 建议你看书时边画重点边写，随时记录思想的火花。

● 时刻记得创造力是我们每个人最宝贵的资源，取之不尽，用之不竭。

● 本手册要跟《创新思维训练与方法　升级版》一书结合使用。

● 要真正掌握知识，复习是非常必要的。

让我们开始吧！就从今天。

目　　录

第 1 天

1. 创新与创新能力的主要知识点提示

①穷与达　②"双脑型"组织　③创新、创造、发明、发现的定义
④广义创新　⑤创新的6个特点　⑥创新的性质　⑦创新的过程　⑧创新能力
⑨创造力的 3 个特点

请把上述知识点所在的页码写下来

2. 创新与创新能力引导训练

书中关于创新给出了几个定义？你认为创新除了可以说成"做别人不做的
事"外，还能换成什么简单明了的说法？把你想到的写下来，越多越好。

3. 自我训练——第 1 个设想

第 1 次自我训练和第 1 个设想先进行一下提示，之后的 20 次需要你自己来
完成。对于初学者来说，先从身边的事物开始进行创新训练，更容易坚持，效
果也会更好些。

比如，你可以选择我们基本每天都在用的微信作为训练的课题。微信在使
用过程中你感到有什么不方便吗？或者还需要增加哪些功能呢？请你具体描述
一下，同时提出创新的意见，并写下来。这就可以作为第 1 个设想啦。

当然，多进行几个这样的练习是最好的了。同时非常鼓励你自选课题，并
提出创新设想。

第 2 天

1. 创新精神的主要知识点提示

①创新者与普通人的首要区别　②创新者具备哪些精神特征　③创新精神由哪两部分构成　④创新意识　⑤创新性格

请把上述知识点所在的页码写下来

2. 对照：谁的创新精神很强，值得我们学习？

请回顾一下身边的人或者你能想到的名人，把他们的名字写下来。同时请对照，我们能像他们一样不怕挫折，坚持走创新之路吗？

3. 自我训练——第 2 个设想

自选课题，提出设想。

请永远记住，行动比想法更重要！现在，请参照以下建议开始行动。

● 创新面前没有失败，只是多走了一条没有走通的路而已。因此，要创新，就不要害怕失败。

● 从现在开始，要更多地关注你自己，主要是关注你自己的改变。一定要问问自己，我开始变了吗？哪里变了？如果你还没有变化，请一定从某个点开始改变。

● 改变你的想法，改变你的思维，改变认识事物的方式，哪怕改变一个小小的习惯，每个人都需要不断改变。

创新就是改变！

第 3 天

1. 创新思维基本概念的主要知识点提示

①创新思维　②创新思维的 3 个特点　③创新思维的 4 个产生条件　④常用的创新思维方式　⑤问题意识指的是什么？

请把上述知识点所在的页码写下来

2. 打破思维框框引导训练

请一定对下面的题目进行练习！这是一道很典型的打破思维框框的练习！

● ● ●　　　　　有 9 个等距离的点组成了一个正方形，要求一笔画下来，用
● ● ●　　4 条直线把 9 个点全部都连起来（笔不能离开纸面）。如左图所
● ● ●　　示。请现在开始做吧。

3. 自我训练——第 3 个设想

自选课题，提出设想。

第 4 天

1. 求异思维的主要知识点提示

①求异思维　②求异思维公式　③求异思维公式的应用步骤

请把上述知识点所在的页码写下来

2. 求异思维引导训练（1）

请在你的手机、计算机、照相机、汽车、眼镜等物体中任选其一，应用求异思维公式对之进行改进，改进的方面越多越好，越有市场价值越好。

3. 自我训练——第 4 个设想

自选课题，提出设想。

第 5 天

1. 请默写求异思维公式

2. 求异思维引导训练（2）

广告是我们每个人在接触媒体时都会面对的一个事情，很多人对广告心存厌烦，一遇到广告就走开，不去接受，但有时候躲也躲不掉。

现在请你换个角度看问题，把很多时候不得不面对的广告时间当作创新思维训练的时间来对待，你或许会觉得有很多广告其实做得不够好，难道只能这样做吗？还能怎样改进使广告的效果更好呢？选其中一个广告开始练习。

广告内容为：

写下来你所提出的改进设想

3. 自我训练——第 5 个设想

自选课题，提出设想。

第 6 天

1. 扩散思维与集中思维的主要知识点提示

①扩散思维　②扩散思维与常规思维的区别　③集中思维　④多谋与善断

⑤扩散思维与集中思维的统一

请把上述知识点所在的页码写下来

2. 扩散思维引导训练

尽可能多地写出"我是谁"？

我和社会各方面的关系。如我是父母的孩子、孩子的父母、老公（老婆）

的老婆（老公）、老师的学生、老板的员工、商店的顾客等。

怎样才能达到休息的目的？越多越好。

尽可能多地写出用"敲"的方法可办成哪些事情？

尽可能多地设想利用铃声可以做什么？

3. 自我训练——第 6 个设想

自选课题，提出设想。

第7天

1.联想思维的主要知识点提示

①联想思维　②联想的本质　③相关联想　④相似联想　⑤对比联想

⑥自由联想法　⑦强制联想法　⑧仿生联想法

请把上述知识点所在的页码写下来

2.联想思维引导训练

毛笔——星星，它们之间怎样发生联系，你会产生什么想法？

请把你的联想写在下面，越多越好。

3.自我训练——第7个设想

自选课题，提出设想。

第 8 天

1. 直觉思维的主要知识点提示

①直觉思维　②直觉思维的典型特征　③直觉的三大作用

请把上述知识点所在的页码写下来

2. 直觉思维引导训练

回忆自己曾产生直觉思维的事件并进行分析

3. 自我训练——第 8 个设想

自选课题，提出设想。

第9天

1. 灵感思维的主要知识点提示

①灵感　②灵感思维　③灵感的特点　④灵感思维的规律　⑤诱因怎样产生？　⑥应用灵感思维的程序

请把上述知识点所在的页码写下来

2. 灵感思维引导训练

再重复看一遍直觉思维和灵感思维的内容，请试着用自己的语言总结一下灵感思维与直觉思维的区别是什么？

雨中观荷，想必别有诗意。雨滴落在荷叶上，会怎么样？由此能想到什么呢？或者能激发什么灵感呢？

3. 自我训练——第9个设想

自选课题，提出设想。

请永远记住，行动比想法更重要！现在，请参照以下建议开始行动。

● 敢于去想，连想都不敢想，怎么能去做出创新成果呢？一定要敢于打破
思维框框！马克·吐温说过，想出新办法的人在他的办法没有成功以前，
人家总说他是异想天开。坚持自己独特的想法，并去实行。

● 牢牢记住"难道只能这样吗，还能做哪些改变？"

● 要常问自己：在这件事上，我的思维是否已经被无形的东西给限制住了？
是否需要突破？

● 要有意的选择一些难度较大且富有挑战性的创新题目来做。

这样的练习很重要。

第 10 天

1. 缺点列举法的主要知识点提示

①缺点列举法　②缺点列举法的应用前提　③缺点列举法的应用步骤 ④找缺点的 3 个思路

请把上述知识点所在的页码写下来

2. 缺点列举引导训练

儿童的鞋还有哪些缺点？请思考后列举出来，并试着构思解决方案。

3. 自我训练——第 10 个设想

自选课题，提出设想。

1. 希望点列举法的主要知识点提示

①希望点列举法　②希望点列举法可以应用于哪些事物？　③希望点列举法的应用步骤

请把上述知识点所在的页码写下来

2. 希望点列举引导训练

强调：希望点不等于幻想！

城市中停车难的问题，你希望怎样解决？

3. 自我训练——第 11 个设想

自选课题，提出设想。

第 12 天

1. 检核表法的主要知识点提示

①检核表　②什么是检核表法　③奥斯本检核表　④检核表的制定程序

请把上述知识点所在的页码写下来

2. 奥斯本检核表引导训练

你的水杯、背包，你的工作、学习等都可以成为练习对象。请仔细对照奥斯本检核表逐条进行练习。这是一种思维体操训练！

3. 自我训练——第 12 个设想

自选课题，提出设想。

第 13 天

1. 反复使用奥斯本检核表，逐渐成为习惯

如果没有更合适的课题，那就选择身边最普通的，甚至可以是不起眼的小事情作为创新课题。颠覆式创新往往就是这样产生的。

请把由此诞生的创意写下来

2. 自我制定检核表引导训练

选择你经常遇到的问题，试着列出检核表，然后加以应用。在应用的基础上，再次进行修改完善，使之成为得力的工具。

比如，假设你经常出差，就可以列一张出差事项检核表。

3. 自我训练——第 13 个设想

自选课题，提出设想。

第 14 天

1. 组合法的主要知识点提示

①组合法　②主体附加　③异类组合　④辐射组合　⑤同物组合　⑥组合法的应用步骤

请把上述知识点所在的页码写下来

2. 组合法引导训练

找到现在生活、工作中还处在单独状态的产品，例如听诊器，设想它们成双成对后是否能具有新的意义？

3. 自我训练——第 14 个设想

自选课题，提出设想。

第15天

1.BS 法的主要知识点提示

①BS 法的设计原理　②BS 法的四项基本原则　③延迟判断包括的两个方面　④BS 法的应用步骤

请把上述知识点所在的页码写下来

2. BS 法团队引导训练

物联网是物与物之间相连的互联网。这其中有两个含义：第一，物联网的核心和基础仍然是互联网，是在互联网基础上延伸发展起来的网络；第二，其用户端可以延伸和扩展到任何的物品与物品之间，进行信息交换和通信。总之，物联网就是物物相连的互联网。

基于此，请你的团队开展以物联网为主题的讨论。首先进行物联网现状以及目前应用领域的学习，其次讨论如何将物联网的概念应用在我们的工作与学习中，提出具体方案。

3. 自我训练——第 15 个设想

自选课题，提出设想。

第 16 天

1. 复习 BS 法的四项基本原则

2. 回顾 BS 法的应用步骤和程序

3. BS 法引导训练

高压水流都能用在哪些方面？例如，可以在玻璃上打孔。坚持 BS 法的四项基本原则并进行训练，不要轻易否定任何想法，或许这其中就隐藏着了不起的创意呢。

4. 自我训练——第 16 个设想

自选课题，提出设想。

第 17 天

1. 635 法的主要知识点提示

① 635 法的规定　② 635 法的具体步骤　③ 步骤 4 的内容　④ 635 法的发明人

请把上述知识点所在的页码写下来

2. 635 法引导训练

请对你所在组织的规章制度进行重新审视。先从考勤制度开始。组织是否违背了人本管理的原则？可以进行哪些改进？评价改进后的效果等。

3. 自我训练——第 17 个设想

自选课题，提出设想。

第18天

1. 移植法的主要知识点提示

①移植法　②移植法的应用前提　③移植法的几种类型　④原理移植

⑤功能移植　⑥材料移植　⑦方法移植　⑧移植法的应用步骤

请把上述知识点所在的页码写下来

2. 移植法引导训练（1）

聚焦原理还能用在哪里呢？

（提示：让我们这样思考，生活中什么东西的形状和抛物面相似呢？答案很多，其中就有伞。继续想，能不能设计一种新型伞，既可当普通伞用，又能当太阳能加热装置呢？把伞倒过来指向太阳就可以了，带上这样的伞去郊游、野炊一定很棒！）

3. 自我训练——第18个设想

自选课题，提出设想。

第 19 天

1. 复习应用移植法的 3 个必要条件

特别强调：移植法是非常重要的创新方法

2. 复习移植法的 4 种类型

3. 移植法引导训练（2）

网络直播存在哪些问题？冷冻法可以用在哪些地方？

4. 自我训练——第 19 个设想

自选课题，提出设想。

创新方法　小结

请永远记住，行动比想法更重要！现在，请参照以下建议开始行动。

- 仔细观察你的工作或者生活涉及的每一个细节，并一一记下存在的缺点。

- 缺点列举法是非常实用的一个方法，一定要多加练习！21世纪的新产品很大一部分是对已有产品的不断改进。因此，不可小看这些改进，很可能创造大收益。

- 再次强调的一个实用方法：移植法。要养成每日阅读的习惯，遇到对解决问题有所帮助的信息与好的方法，要马上记下来、移过去。牢记"它山之石，可以攻玉"。

第 20 天

1. 请填写创新思维导图

翻到本手册的最后一页，把每个章节的页码填在思维导图中的括号里。

2. 用自己的语言描述每个章节的主要内容

3. 综合引导训练

中国是粮食生产大国，但现有的粮食生产模式，无法全面满足需要。挑战：如何让粮食产量提高五倍？

4. 自我训练——第 20 个设想

自选课题，提出设想。

第 21 天

1. 最好的创新方法是什么

最好的创新方法是没有方法的方法。换句话说，真正的创新不会拘泥于一些方法，而是将方法灵活运用，有机结合，互相穿插与渗透。

2. 所有的方法都是框框，切忌唯方法论

对于创新而言，方法非常重要，尤其是对于初学者来说。但必须灌输一个观念，那就是：所有的方法都是框框。

不要被框框限制住，要善于打破框框，不要唯方法论。

3. 创新方法引导训练

人工智能时代即将来临，人们看到铺天盖地的文章都在介绍哪些职业会消失。请你思考：伴随一些职业的消失，哪些新职业会诞生？思考后请你进行具体描述。

4. 自我训练——第 21 个设想

自选课题，提出设想。

请永远记住，行动比想法更重要！现在，开始行动吧！